T0275850

Molekulare Mechanismen der Zellalterung und ihre
Bedeutung für Alterserkrankungen des Menschen

Christian Behl · Christine Ziegler

Molekulare Mechanismen der Zellalterung und ihre Bedeutung für Alterserkrankungen des Menschen

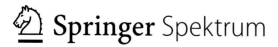

Springer Spektrum

Christian Behl
Christine Ziegler
Institut für Pathobiochemie
Universitätsmedizin   der   Johannes
Gutenberg-Universität Mainz
Mainz, Deutschland

ISBN 978-3-662-48249-0   ISBN 978-3-662-48250-6 (eBook)
DOI 10.1007/978-3-662-48250-6

Die Deutsche Nationalbibliothek verzeichnet diese Publikation in der Deutschen Nationalbibliografie;
detaillierte bibliografische Daten sind im Internet über http://dnb.d-nb.de abrufbar.

Springer Spektrum

Springer-Verlag GmbH Berlin Heidelberg ist Teil der Fachverlagsgruppe Springer Science+Business
Media
(www.springer.com)

„Altern ist zweifelsohne komplex"
(Thomas B. L. Kirkwood)[1]

---

[1] Kirkwood TB (2011) Systems biology of ageing and longevity. Philos Trans R Soc Lond B Biol Sci 366(1561):64–70

Danksagung

Vor allen anderen möchten die Autoren Michael Plenikowski für seine exzellenten Abbildungen danken, die dieses Buch illustrieren.

Weiterhin bedanken wir uns bei Christof Hiebel, Andreas Kern und Bernd Moosmann für das Bereitstellen von Daten und zahlreiche anregende Diskussionen.

Die wissenschaftliche Arbeit der Autoren zum Thema Altern, die in diesem Buch zitiert ist, wurde über die Jahre durch vielerlei Förderquellen unterstützt, wobei wir die Förderung durch die Fritz und Hildegard Berg-Stiftung und die Peter Beate Heller-Stiftung im Stifterverband für die Deutsche Wissenschaft besonders hervorheben möchten.

Inhaltsverzeichnis

Kapitel 1
Einführung

Seit nunmehr über 100 Jahren wird der Mensch immer älter und für die nächsten Jahrzehnte ist ein weiterer Anstieg der Lebenserwartung abzusehen. Ein Kind, das heute geboren wird, hat statistisch gesehen eine hohe Chance, 100 Jahre alt zu werden. Da das Altern der Hauptrisikofaktor für eine ganze Reihe von Krankheiten ist, ist es unverzichtbar, den Prozess des Alterns und auf welche Weise er Entstehung und Verlauf altersbedingter Krankheiten beeinflusst zu verstehen. In der Wissenschaft werden mittlere und maximale Lebenserwartung unterschieden. Während letztere ziemlich konstant bei 120 Jahren liegt, steigt die mittlere Lebenserwartung an. Aber nicht nur der Gesamtorganismus, auch jede einzelne der Milliarden Zellen, aus denen unser Körper besteht, hat eine individuelle Lebensdauer, die Tage, Monate oder Jahre betragen kann, bis die Zelle entfernt oder ausgetauscht wird. Die Mehrzahl unserer Nervenzellen beispielsweise wird lebenslang nicht ersetzt. Den Prozess des Alterns und seine Auswirkungen auf die Krankheiten des Menschen auf zellulärer Ebene zu verstehen, ist eine der zentralen Herausforderungen der molekularen Medizin.

Der Begriff „Altern" beinhaltet als solcher, dass es sich dabei um einen fortschreitenden, länger andauernden Prozess handelt. Dies trifft auf alle Organismen zu, wenn man Altern als Teil des Lebenszyklus der jeweiligen Spezies betrachtet. Mit sehr wenigen Ausnahmen findet Alterung in allen Organismen statt und ist eine der charakteristischen Eigenschaften des Lebens. Einige Arten leben nur Stunden, einige über 100 Jahre. Dabei ist die individuelle Lebensdauer spezifisch für die jeweilige Art, was nicht bedeutet, dass alle Individuen eine identische Lebensdauer aufweisen. Innerhalb einer Spezies findet man zwischen den Individuen eine beträchtliche Variabilität, was Geschwindigkeit und Ausprägung des Alterns als das Ergebnis komplexer Wechselwirkungen von Anlagen und Umweltbedingungen betrifft. Der Begriff *Nature and Nurture* im Englischen bezeichnet die lebenslange Interaktion zwischen intrinsischen genetischen und extrinsischen (Umwelt-) sowie stochastischen Faktoren (Kirkwood 1999; Montesanto et al. 2012). Es gibt eine Vielzahl von Hypothesen, Berechnungen, Modellen und Datensammlungen, die die maximale Lebensdauer einer Spezies überzeugend mit Parametern wie Körpergewicht, Körpergröße, Stoffwechselraten und Lebensbedingungen korrelieren. Dabei

© Springer-Verlag Berlin Heidelberg 2016
C. Behl, C. Ziegler, *Molekulare Mechanismen der Zellalterung und ihre Bedeutung für Alterserkrankungen des Menschen*, DOI 10.1007/978-3-662-48250-6_1

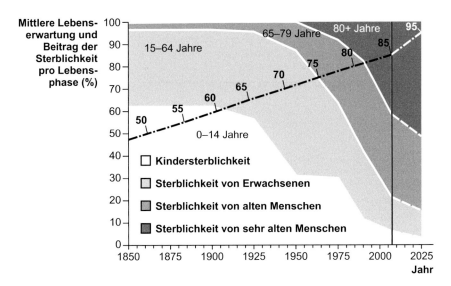

**Mittlere Lebens-
erwartung und
Beitrag der
Sterblichkeit
pro Lebens-
phase (%)**

15–64 Jahre

65–79 Jahre   80+ Jahre   95

0–14 Jahre

☐ Kindersterblichkeit

☐ Sterblichkeit von Erwachsenen

▨ Sterblichkeit von alten Menschen

▪ Sterblichkeit von sehr alten Menschen

Jahr

Abb. 1.1 Lebenserwartung des Menschen im Zeitverlauf. Mittlere Lebenserwartung und Beitrag der verringerten Sterblichkeit seit 1850. Die *durchbrochene Linie* markiert die mittlere Lebenserwartung bei der Geburt in Jahren (Frauen in ausgewählten Industrieländern). Bis 1925 war der Anstieg der Lebenserwartung hauptsächlich auf die verringerte Kindersterblichkeit zurückzuführen, von 1925 bis 1975 auf eine Reduktion der Mortalität von Erwachsenen, seit den 1990er-Jahren von alten Menschen; künftig wird der größte Beitrag zu einer weiter ansteigenden Lebenserwartung von einer verringerten Sterblichkeit sehr alter Menschen erwartet. (Mod. nach Scully 2012)

werden diverse Standpunkte kontrovers diskutiert und eine ultimative Schlussfolgerung, was das Altern letztendlich bedingt, lässt sich nur schwerlich ziehen.

Hinsichtlich der Lebenserwartung muss zwischen der *mittleren Lebenserwartung* und der *maximalen Lebenserwartung* einer Art unterschieden werden. Während die mittlere Lebenserwartung des Menschen in Westeuropa über die letzten Jahrhunderte zunahm (u. a. ein Resultat der verringerten Kindersterblichkeit) und derzeit etwa 82 Jahre für Frauen und 76 Jahre für Männer beträgt (Abb. 1.1), ist die maximale Lebenserwartung für Menschen weit höher. Die Französin Madame Jeanne Louise Calment starb erwiesenermaßen im Alter von 122 Jahren und 164 Tagen und hält damit den Altersrekord des Menschen. Mittlerweile häufen sich Berichte über sog. *Supercentenarians*, Menschen, die über 110 Jahre alt sind. Offensichtlich kann der menschliche Organismus ein Höchstalter von etwa 120 Jahren erreichen.

Die mittlere Lebenserwartung des *Homo sapiens* ist im letzten Jahrhundert dramatisch angestiegen und steigt weiterhin (Abb. 1.1). Die Gründe dafür sind mannigfaltig, u. a. erheblich bessere allgemeine hygienische Bedingungen und damit eine verringerte Sterberate von Neugeborenen und Säuglingen, verbesserte Ernährung, der Fortschritt der medizinischen Versorgung und die Möglichkeiten der modernen Medizin (z. B. Organtransplantationen, Tumorchirurgie, Krankheitsprävention, Behandlung seltener Erkrankungen, molekularbiologische Diagnostik), also die

Verbesserung der generellen Lebensbedingungen sowie der Prävention und Therapie von Krankheiten. Als Konsequenz erhöhte sich die mittlere Lebenserwartung des Menschen deutlich, besonders während des letzten Jahrhunderts, in dem sich Quantensprünge auf vielen Gebieten der Medizin ereigneten. Die Einführung des Penicillins durch Alexander Fleming 1928 beispielsweise war ein Meilenstein, der tödliche bakterielle Infektionen seitdem zu verhindern hilft. Die moderne Medizin wird während der letzten 50 Jahre durch die Entwicklungen der Molekularbiologie, Biochemie und Zellbiologie vorangetrieben. Seit den späten 1950er und frühen 1960er Jahren haben Molekularbiologen manches Geheimnis des Lebens entschlüsselt und es geschafft, die molekularen Komponenten von Zellen und Organismen strukturell und funktionell zu charakterisieren, zu isolieren und zu manipulieren. Heute lernen Kinder bereits in der Grundschule, dass biologische Prozesse das Ergebnis der Aktivität von Molekülen in unseren Zellen sind. Insbesondere aufgrund eines besseren Verständnisses des Alterungsprozesses und der möglichen Prävention und Behandlung altersassoziierter Erkrankungen, die Menschen vorzeitig sterben lassen (z. B. Krebs) oder die Lebensqualität in den letzten Jahren erheblich beeinträchtigen (z. B. Alzheimer-Erkrankung), wird sich die mittlere Lebenserwartung zukünftig weiter erhöhen.

Die gewaltigen Herausforderungen, die aus der steigenden Lebenserwartung und dem Anspruch, dieses längere Leben bei guter Gesundheit zu verbringen, resultieren, sind offensichtlich. Die meisten Menschen beschäftigen sich, wenn sie älter werden, zunehmend intensiv mit ihrer Familiengeschichte und den Umständen, unter denen nahe Angehörige, Eltern, Großeltern und Urgroßeltern, gestorben sind. Hintergrund ist die Tatsache, dass die persönliche Lebensdauer von familiären, sprich genetischen, Eigenschaften abhängt. Es ist mittlerweile klar, dass der Alterungsprozess komplex ist und durch viele Faktoren beeinflusst wird (Altern also ein multifaktorieller Prozess ist) und Alterung das dauernde Zusammenspiel zwischen der individuellen Biologie und der Umwelt widerspiegelt (Konzept von *Nature and Nurture*). Die Informationen, die der individuelle Familienstammbaum unter genetischen Aspekten liefert, lassen meist einen guten Rückschluss auf die persönliche Lebenserwartung zu. Eine differenzierte Analyse spezifischer Gene, die mit bestimmten, in der eigenen Familiengeschichte aufgetretenen Krankheiten gekoppelt sind, kann Aufschluss über das altersassoziierte Krankheitsrisiko geben und gezielte Präventionsmaßnahmen erlauben. Über die genetische Komponente hinaus müssen zusätzliche, sekundäre Veränderungen des Genoms – epigenetische – berücksichtigt werden, die bereits während der Embryonalentwicklung oder aber beispielsweise als Folge traumatischer Ereignisse, stattfinden können. Einige Aufmerksamkeit erzeugte jüngst auch eine Studie, die aufzeigt, dass jüngere Menschen gleichen Alters in ihrem „biologischen Alter" (ermittelt durch die Messung unterschiedlicher Organfunktionen und -parameter) beträchtlich variieren können und dieses mit der kognitiven Leistungsfähigkeit korreliert (Belsky et al. 2015).

Zusammengenommen umfasst das Thema *Altern* ein komplexes Feld wissenschaftlicher Ansätze und Aspekte von der Genetik, Molekularbiologie und Medizin bis hin zu seiner philosophischen Bedeutung und einem Sterben in Würde. Abhängig vom wissenschaftlichen Blickwinkel wurden hunderte verschiedener Theorien zur Erklärung des Alterns entwickelt. Es ist unmöglich, alle Sichtweisen des Alterns als physiologischen Prozess, aber auch als pathophysiologische Kette von Ereignissen, die letztendlich zu den Krankheiten führen, die damit einhergehen, anzureißen oder gar abzudecken. Im Rahmen dieses Buchs wird das Altern grundsätzlich als ein natürlicher Teil des Lebens betrachtet. In verschiedenen exzellenten Übersichtsartikeln und Büchern wird das Altern von unterschiedlichen Seiten beleuchtet (z. B. Kirkwood 1999; Finch 2007; López-Otín et al. 2013). Darüber hinaus wird auch die Frage der grundsätzlichen Unterschiede in der Lebenserwartung der verschiedenen Spezies, die sich letztlich auch im Altern des Menschen spiegeln, durch hervorragende Bücher und Reviews abgedeckt, die in o. g. Referenzen diskutiert und zitiert werden.

Das vorliegende Buch versteht (1) das Altern eines Organismus (hauptsächlich des Menschen) als das Altern seiner Moleküle, Zellen und Organe, konzentriert sich (2) auf die Themen, die im Zusammenhang mit altersassoziierten Krankheiten stehen, und versucht (3), Schnittstellen der verschiedenen Alterstheorien zu identifizieren, um sich einem Gesamtbild der molekularen Mechanismen des Alterns zu nähern. Dazu wird zunächst der Alterungsprozess der kleinsten Einheit des Lebens, der Zelle, dargelegt. Danach wird der Blick auf das Altern von Geweben und Organismen erweitert und mit den wichtigsten bestehenden Alternstheorien verknüpft. Die vorgestellten Mechanismen und Aspekte werden im Kontext mit altersassoziierten Krankheiten des Menschen diskutiert, wobei der Schwerpunkt auf neurodegenerativen Krankheiten und Tumoren, die im Alter zunehmen, liegt. Wie bereits erwähnt, haben die Molekular- und Zellbiologie eine Fülle von Details des Alterungsprozesses aufgedeckt. Da dieser schmale Band weder die ungeheure Menge an Daten, die in den letzten Jahrzehnten generiert wurde, abdecken, noch den detaillierten und teilweise kontroversen Diskussionen über bestimmte Themen folgen kann, beschränkt er sich darauf, einige zentrale Mechanismen der Alterung von Zellen und Organismen zu diskutieren. Selbst dieses Unterfangen ist von einiger Komplexität, da viele der Komponenten und Signalwege miteinander verknüpft oder gar voneinander abhängig sind, ohne dass dies vollständig verstanden wäre.

1.1   Einfluss des Alterns und der Genetik auf Erkrankungen

Altern ist der Hauptrisikofaktor für eine ganze Reihe von menschlichen Erkrankungen (Abb. 1.2) und ein besseres Verständnis des Alterungsprozesses wird verbesserte Prävention, Therapie und Maßnahmen zur Erhöhung der Widerstandsfähigkeit (Resilienz) gegen praktisch alle bedeutenden Krankheiten nach sich ziehen, die mit dem Altern einhergehen. Was weiß man über die Ursachen der wichtigsten altersassoziierten Erkrankungen? Wenn man die Literatur der letzten 20 Jahre z. B. im Hinblick auf die Alzheimer-Krankheit sichtet, könnte man zu dem Schluss kommen, dass diese noch immer nicht therapierbare Krankheit genetische Ursachen hat, die gut untersucht sind. Aber so aufregend und ermutigend die Entdeckung genetischer Links (z. B. Mutationen im Gen für das Amyloidvorläuferprotein; Brindle und St. Georg-Hyslop 2000) in einigen familiären Fällen der Erkrankung auch war,

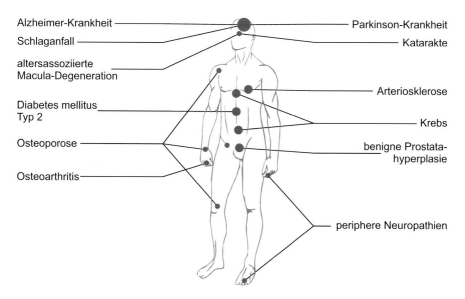

Alzheimer-Krankheit

Schlaganfall

altersassoziierte
Macula-Degeneration

Diabetes mellitus
Typ 2

Osteoporose

Osteoarthritis

Parkinson-Krankheit

Katarakte

Arteriosklerose

Krebs

benigne Prostata-
hyperplasie

periphere Neuropathien

Abb. 1.2 Altersassoziierte Erkrankungen des Menschen

trifft diese nur auf die strikt genetische Form der Krankheit zu, die etwa 1–3 % aller Alzheimer-Erkrankungen ausmacht. Die Mehrheit (über 90 %) der Fälle ist sporadischer Natur, tritt fast ohne Vorwarnung auf und wird umso wahrscheinlicher, je älter wir werden. In jüngster Zeit werden immer mehr Überschneidungen auf molekularer Ebene zwischen dem Alterungsprozess und der Pathogenese der Alzheimer-Krankheit diskutiert (Hunter et al. 2013). Es soll hier erwähnt werden, dass die Fülle genetischer Informationen über die seltenen familiären Fälle der Alzheimer-Erkrankung (Bettens et al. 2013) die Forschung in gewissem Sinn blind gemacht zu haben scheint für einen Prozess wie das Altern, der zugegebenermaßen schwierig zu untersuchen ist. Je mehr wir über die zellulären und molekularen Grundlagen des Alterns lernen, desto unumstrittener wird die Tatsache, dass das Altern der Hauptrisikofaktor für die sporadische Form der Alzheimer-Krankheit ist. Erst seit kurzer Zeit werden die verschiedenen molekularen Verbindungen zwischen dem Altern und spezifischen pathogenetischen Prozessen auch auf experimenteller Ebene verknüpft. Solch eine Veränderung in den Forschungsparadigmen könnte auf andere strikt altersassoziierte Krankheiten mit bislang ungeklärter Ursache übertragen werden. Die wahren Ursachen für die Alzheimer-Krankheit dürften nur gefunden werden, wenn akzeptiert wird, dass die zelluläre Biochemie des Alterns einen immensen Einfluss auf die Entstehung und Progression der pathologischen Prozesse hat. Die Fokussierung auf genetische Kopplungsstudien und detaillierte molekulare Analysen von Genen und Proteinen, die für familiäre (genetische) Fälle relevant sind, werden das Problem nicht lösen. Es ist anzunehmen, dass dies ebenso auf andere altersbedingte Krankheiten zutrifft, bei denen genetische und sporadische Formen vorkommen.

1.2 Altersassoziierte funktionelle Veränderungen

Das Altern des Menschen bringt Veränderungen in allen Organen mit sich, die zu den bekannten pathophysiologischen Phänotypen führen (Abb. 1.3). Dabei sind einige der Störungen der Körperfunktionen strikt altersassoziiert. Kleinere Beeinträchtigungen können jedoch, wenn sie weiter fortschreiten, die Wahrscheinlichkeit für eine klassisch altersbedingte tödliche Erkrankung erhöhen, wie z. B. Arteriosklerose für Schlaganfall, Herzversagen, Krebs und Alzheimer. Kurzzeitigen Veränderungen im Lipidstoffwechsel kann entgegengewirkt werden, sodass sie nicht chronisch pathologisch werden und letzten Endes zu Gefäßerkrankungen und Arteriosklerose führen; eine permanente Umstellung jedoch kann zum Risikofaktor werden.

Die Biologie der natürlichen Alterung und die Mechanismen altersbedingter Beeinträchtigungen und Krankheiten sind eng verknüpft. Auch, was man als *Successful Aging* bezeichnet und was sich durch die konstant zunehmende Zahl von Menschen, die 100 Jahre oder älter werden, ausdrückt, führt am Ende zum Tod, der seine Ursache in der Fehlfunktion von Organen oder letzten Endes von Zellen hat. Im Lauf der Diskussion werden wir die biochemischen Veränderungen, die in Zellen und zellulären Biomolekülen stattfinden und Auslöser für die funktionellen Veränderungen im Zuge des Alterns sind, betrachten. Ein einfaches Beispiel ist die Oxidation von Proteinen, die zur Versteifung von Gelenken und generellen Einbußen in der Beweglichkeit führen kann (z. B. durch die Oxidation von Proteinen der extrazellulären Matrix). Die Oxidation von Biomolekülen – Proteinen, Lipiden und

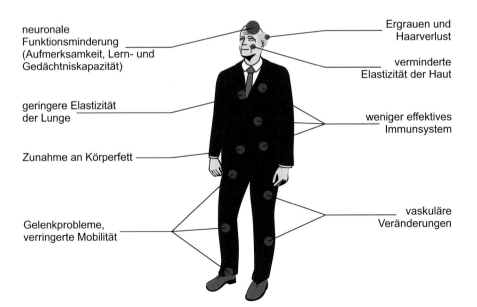

neuronale
Funktionsminderung
(Aufmerksamkeit, Lern- und
Gedächtniskapazität)

geringere Elastizität
der Lunge

Zunahme an Körperfett

Gelenkprobleme,
verringerte Mobilität

Ergrauen und
Haarverlust

verminderte
Elastizität der Haut

weniger effektives
Immunsystem

vaskuläre
Veränderungen

Abb. 1.3 Allgemeine altersassoziierte Veränderungen beim Menschen

DNA – ist allgemein ein Schlüsselprozess in Zellen, da unser Leben auf der speziellen Chemie des Sauerstoffs beruht und die Organismen diesem seit dem Auftreten von freiem Sauerstoff in der Erdatmosphäre vor 2,3 Mrd. Jahren ausgesetzt sind.

Altersbedingte Veränderungen unseres Körpers können sowohl die Lebensqualität als auch die Prädisposition für altersassoziierte Erkrankungen beeinflussen. Ein Beispiel für eine altersbedingte (hormonelle) Veränderung mit zahlreichen unterschiedlichen Folgen ist der dramatische Abfall des Östrogenspiegels im weiblichen Körper während und nach der Menopause (Gambrell 1982). Physiologisch relevante Östrogene (biochemisch: Östradiol, Östron und während der Schwangerschaft auch Östriol) sind Steroidmoleküle, die hauptsächlich über spezifische Rezeptoren wirken, auch wenn die Palette ihrer möglichen Interaktionen und Wirkmechanismen innerhalb der Zelle weit größer ist als ursprünglich gedacht (Behl 2002; Faulds et al. 2012). Fast jede Körperzelle trägt solche Östrogenrezeptoren oder ist zumindest östrogenresponsiv; daher beeinflussen Östrogene eine Vielzahl zellulärer Funktionen. Mit dem Rückgang der Aktivität der Ovarien, die im weiblichen Körper in erster Linie für die Östrogenproduktion zuständig sind, fällt die Östrogenkonzentration im Blut und in den Geweben stark ab. Diese Reduktion wirkt sich auf fast alle Organe und Gewebe des weiblichen Körpers aus und führt zu verschiedenen postmenopausalen Veränderungen und unerwünschten Auswirkungen auf die Organfunktion (postmenopausales Syndrom). Östrogenmangel ist einer der Faktoren, die z. B. für ein erhöhtes Osteoporoserisiko nach der Menopause verantwortlich sind. Bei der heutigen durchschnittlichen Lebenserwartung verbringen Frauen etwa 40 % ihrer Lebenszeit unter „Östrogenmangelbedingungen". Der Verlust an Östrogen und östrogenbedingten Funktionen dürfte die Suszeptibilität von Organen für andere altersbedingte Veränderungen und Krankheiten erhöhen. Auch wenn der menopausale Östrogenabfall ein natürlicher und physiologischer Prozess ist, ist er doch für den weiblichen Körper ein zentraler Faktor, der in Betracht gezogen werden muss. In der Tat werden niedrige Östrogenspiegel als Prädispositionsfaktor für eine Reihe altersassoziierter Erkrankungen diskutiert (Christenson et al. 2012).

Nach Einführung der Begriffe mittlere und maximale Lebenserwartung und einigen Beispielen für altersbedingte Veränderungen und deren möglichen pathologischen Einfluss, richtet sich der Fokus nun auf die einzelne Zelle des menschlichen Körpers. Bemerkenswerterweise erstreckt sich die Lebensdauer einzelner Zellen von wenigen Tagen bis zur Lebensspanne des Gesamtorganismus. Schleimhautzellen z. B. haben eine Lebensdauer von nur wenigen Tagen und werden aus sog. Stammzellschichten ständig ersetzt; bei Verletzungen ist die Lebensdauer noch kürzer. Erythrozyten, die roten Blutkörperchen, die mithilfe des Hämoglobins Sauerstoff durch das Blut von der Lunge zu peripheren Geweben transportieren, haben eine Lebensdauer von etwa 120 Tagen. Danach durchlaufen sie ein kontrolliertes „Todesprogramm" und werden aus dem Knochenmark, dem Stammzellgewebe, aus dem alle Blutzellen hervorgehen, erneuert. Die durchschnittliche Lebensdauer einer typischen Leberzelle, eines Hepatozyten, in dem mannigfaltige (katabole und anabole) biochemische Stoffwechselprozesse ablaufen, ist etwa 5 Monate. Nervenzellen bleiben im Normalfall nach ihrer Differenzierung lebenslang im Körper erhalten. Bekanntermaßen ist die Regenerationsfähigkeit von neuronalem Gewebe hinsichtlich des Hervorbringens neuer Zellen begrenzt und nur einige wenige genau definierte Bereiche im Nervensystem verfügen über eine echte Stammzellaktivität, beispielsweise bestimmte Bereiche im Hippocampus von Säugern (Grandel und Brand 2013). Man kann sich leicht vorstellen, dass die Neuronen, die den *Nervus isciaticus* mit einer Länge von manchmal über einem Meter bilden, nicht einfach ausgetauscht werden können. Das gleiche trifft auf Nervenzellen im Neokortex (Hirnrinde) und in anderen Hirnbereichen zu, in denen komplexe Prozesse wie Lernen und Gedächtnis, Gemütsverfassung oder Furcht ihr Korrelat auf zellulärer Ebene haben.

Wir können zusammenfassen, dass unser Körper aus Milliarden von Zellen besteht, die mithilfe selektiver Mechanismen ausgetauscht werden, wenn ihre spezifische Lebensdauer abgelaufen ist, oder wenn sie geschädigt werden, es aber auch eine erhebliche Zahl von Zellen gibt, die zu keinem Zeitpunkt ersetzt werden und, nachdem sie ausdifferenziert sind, permanent funktionell bleiben. Jede einzelne Zelle unseres Körpers ist in einem bestimmten Stadium und das individuelle Altern der verschiedenen Zelltypen hängt vom Prozess des Zellzyklus ab, der grundsätzlich immer gleich, konkret aber z. B. in Erythrozyten, Neuronen oder Tumorzellen unterschiedlich abläuft.

Literatur

Behl C (2002) Oestrogen as a neuroprotective hormone. Nat Rev Neurosci 3(6):433–442

Belsky DW, Caspi A, Houts R, Cohen HJ, Corcoran DL, Danese A, Harrington H, Israel S, Levine ME, Schaefer JD, Sugden K, Williams B, Yashin AI, Poulton R, Moffitt TE (2015) Quantification of biological aging in young adults. Proc Natl Acad Sci U S A 112(30):E4104–E4110

Bettens K, Sleegers K, Van Broeckhoven C (2013) Genetic insights in Alzheimer's disease. Lancet Neurol 12(1):92–104

Brindle N, George-Hyslop PS (2000) The genetics of Alzheimer's disease. Methods Mol Med 32:23–43

Christenson ES, Jiang X, Kagan R, Schnatz P (2012) Osteoporosis management in postmenopausal women. Minerva Ginecol 64(3):181–914

Faulds MH, Zhao C, Dahlman-Wright K, Gustafsson JÅ (2012) The diversity of sex steroid action: regulation of metabolism by estrogen signaling. J Endocrinol 212(1):3–12

Finch CE (2007) The Biology of Human Longevity:: Inflammation, Nutrition, and Aging in the Evolution of Lifespans, 1. Aufl. Academic Press, San Diego

Gambrell RD Jr (1982) The menopause: benefits and risks of estrogen-progestogen replacement therapy. Fertil Steril 37(4):457–474

Grandel H, Brand M (2013) Comparative aspects of adult neural stem cell activity in vertebrates. Dev Genes Evol 223(1-2):131–147

Hunter S, Arendt T, Brayne C (2013) The Senescence Hypothesis of Disease Progression in Alzheimer Disease: an Integrated Matrix of Disease Pathways for FAD and SAD. Mol Neurobiol 48(3):556–570

Kirkwood TB (1999) Time of Our Lives: The Science of Human Aging, 1. Aufl. Oxford University Press, New York

López-Otín C, Blasco MA, Partridge L, Serrano M, Kroemer G (2013) The hallmarks of aging. Cell 153(6):1194–1217

Montesanto A, Dato S, Bellizzi D, Rose G, Passarino G (2012) Epidemiological, genetic and epigenetic aspects of the research on healthy ageing and longevity. Immun Ageing 9(1):6

Scully T (2012) To the limit. Nature 492:S2

Kapitel 2
Der Zellzyklus: Lebenszyklus einer Zelle

„Omnis cellula e cellula", die Feststellung von Rudolf Virchow aus dem Jahr 1858, dass eine Zelle immer nur aus einer Zelle hervorgehen kann, weist bereits auf den Prozess des Zellzyklus hin. Dieser beschreibt eine Abfolge von Vorgängen, die zur Teilung und Verdopplung von Zellen führt und in unterschiedliche Phasen eingeteilt werden kann, die von miteinander interagierenden Proteinen, den Cyclinen und cyclinabhängigen Kinasen, kontrolliert werden. Dabei ist zwingend, dass die Replikation der DNA konservativ erfolgt, d. h. Struktur und Sequenz während der DNA-Duplikation, die der Zellteilung vorausgeht, unverändert bleiben. Zur Überwachung dienen sog. Checkpoints; Proteine wie p53 und Rb sind die Hauptprotagonisten der Zellzykluskontrolle. Wird ein DNA-Schaden erkannt, werden entsprechende Reparaturprogramme aktiviert, oder, falls die Reparatur misslingt, die Zelle einem programmierten Zelltod zugeführt, um sie zu entfernen. Der Transfer von DNA-Fehlern von der Mutter- auf die Tochterzellen kann zur Tumorbildung führen, daher sind p53 und Rb wichtige Tumorsuppressorproteine.

1858 stellte Rudolf Virchow seine berühmte Zelldoktrin auf (Virchow 1858): „Wo eine Zelle entsteht, da muss eine Zelle vorangegangen sein (omnis cellula e cellula), ebenso wie das Tier nur aus einem Tiere, eine Pflanze nur aus einer Pflanze entstehen kann." Dies bedeutet, dass nur durch die Teilung vorhandener Zellen neue Zellen generiert werden können. Der Zellzyklus, auch Zellteilungszyklus, beschreibt eine Abfolge von Vorgängen in einer Zelle, die zu ihrer Teilung und Verdopplung führt und daher eine identische Replikation darstellt. Eukaryotische Zellen, wie die Zellen von Säugern es sind, besitzen eine spezielle Organisationsstruktur, bei der der Kern, der die genetische Information (das Genom) enthält, sich absetzt vom umgebenden Zytoplasma mit den verschiedenen Organellen und der riesigen Zahl von Proteinen, die die zellulären Funktionen ausüben. Im Lauf des Zellzyklus teilt sich die ursprüngliche Zelle („Mutterzelle") in streng organisierter und kontrollierter Weise in zwei neue Zellen („Tochterzellen"; Abb. 2.1).

© Springer-Verlag Berlin Heidelberg 2016
C. Behl, C. Ziegler, *Molekulare Mechanismen der Zellalterung und ihre Bedeutung für Alterserkrankungen des Menschen*, DOI 10.1007/978-3-662-48250-6_2

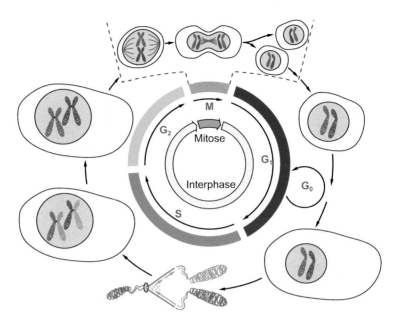

Abb. 2.1 Zellzyklus eukaryotischer Zellen. Der Teilungszyklus einer Zelle kann in verschiedene prä- (*S*, *G2*) und postmitotische (*G1*, *G0*) Interphasen unterteilt werden. Vor der Mitose (M-Phase), in der die eigentliche Teilung einer Mutterzelle in zwei identische Tochterzellen stattfindet, müssen die Verdopplung der Chromosomen und die Synthese weiterer Zellkomponenten erfolgen. Zellen, die zeitweise bzw. prinzipiell reversibel den Teilungszyklus verlassen, befinden sich in der G0-Phase (z. B. Neuronen; mod. nach Müller-Esterl 2011)

2.1 Phasen des Zellzyklus

Der eukaryotische Zellzyklus kann in zwei Hauptphasen unterteilt werden: die Interphase und die Mitosephase. Während die Interphase der Zeitraum ist, in dem die Zelle Nährstoffe und Zellbausteine ansammelt und anschließend ihr Genom verdoppelt, fasst die Mitosephase die Prozesse zusammen, die zur Teilung in zwei getrennte, (in Bezug auf das DNA-Material) identische Tochterzellen führt. Die Mitosephase endet mit der Zytokinese, wenn die ursprüngliche (Mutter-)Zelle vollständig geteilt ist und die beiden Tochterzellen selbstständig existieren. Der Zellzyklus ist ein für den ganzen Körper lebenswichtiger Prozess und seine Leistung wird besonders deutlich, wenn man die ersten Stunden betrachtet, in denen eine befruchtete Eizelle sich zu differenziertem Gewebe und Schritt für Schritt zu einem ganzen Organismus zu entwickeln beginnt. Aber auch im Körper von erwachsenen Individuen durchlaufen viele Gewebe permanent den Zellzyklus, man denke an die Erneuerung von Haaren, Haut, Blutzellen und Geweben der inneren Organe (z. B. Hepatozyten in der Leber). Das Durchlaufen des Zellzyklus und eine andauernde oder aber unterbrochene Zellteilung hängt eng mit dem Altern von Zellen und Organismen zusammen. Es sollte hier erwähnt werden, dass bei Untersuchungen zur Lebensdauer unterschiedlicher Spezies die maximale Lebensspanne der verschiedenen Tiermodelle in Relation zu Parametern wie Körpergröße, Stoffwechsel, Bewegung und Art der Fortpflanzung (sexuell vs. asexuell) gesetzt wird. Die Hydra, ein kleiner Süßwasserpolyp, kann eine unbegrenzte Lebensdauer erreichen, wenn sie sich asexuell fortpflanzt. Ähnlich wie bei der Hefe ist dies durch die Abknospung von Tochterzellen von der Körperwand der Mutter möglich. Es gibt also in diesen Tieren eine unbegrenzte, hohe proliferative Aktivität und einen permanenten Zellzyklus (Deweerdt 2012).

Zurück zum biochemischen Prozess des Zellzyklus. Das Hauptziel dieser Abfolge von Vorgängen ist die Verdopplung der Zelle, z. B. um geschädigte Zellen zu ersetzen. Die wesentliche Anforderung dabei ist, dass die Tochterzellen intakt sind, hauptsächlich hinsichtlich des genomischen Materials, der DNA. Da der zwingende Prozess der DNA-Verdopplung (die DNA-Replikation) ein molekularer Prozess ist, der wie jeder biologische Prozess Fehlern und Irrtümern unterliegt, und da Biomoleküle in hohem Maß anfällig für chemische Veränderungen sind, wie sie z. B. durch UV-Licht oder radioaktive Strahlung induziert werden, kann die DNA im Verlauf des Zellzyklus oder durch Fehler bei der DNA-Replikation leicht geschädigt werden. Um die korrekte Funktion einer bestimmten Zelle (z. B. eines Melanozyten als Hautzelle) aufrechtzuerhalten, muss die DNA als Grundlage für alle Zellproteine in ihrer Integrität, Stabilität und Funktion erhalten bleiben. Dieses Ziel wird durch eine strikte Kontrolle (u. a. durch DNA-Reparaturenzyme) erreicht, die integraler Bestandteil des Zellzyklus ist. Ein Blick auf die exakte Abfolge der Schritte des Zellzyklus zeigt die Komplexität dieses Prozesses und wird uns erlauben, Kontrollmechanismen und -punkte zu identifizieren, die darüber entscheiden, ob die Zelle den Zyklus vollendet oder abstirbt.

Viele Zellen in unserem Körper durchlaufen den Zellzyklus permanent. Noch einmal, die Zellteilung selbst beschreibt den Prozess, wenn eine „Mutterzelle" sich in zwei genetisch identische „Tochterzellen" teilt. Vor dieser physikalischen Teilung, der sog. Mitosephase, muss das gesamte Zellmaterial dupliziert werden. Während die Menge des Proteinmaterials durch eine erhöhte Proteinsyntheserate ansteigt, ist die Verdopplung des zellulären Genoms durch die DNA-Replikation vergleichsweise komplex und streng reguliert. Grob gesagt gibt es grundsätzlich zwei Hauptphasen im Zellzyklus, nämlich die Phasen vor und die nach der Mitosephase (M), die nach dem engl. *gap* (Lücke, Zwischenraum) als G-Phasen bezeichnet werden (Abb. 2.1). Die G-Phasen dienen dazu, die intra- aber auch die extrazellulären Bedingungen zu kontrollieren, bevor die nächste Zellzyklusphase eingeleitet wird. Direkt nach der Zellteilung folgt die G1-Phase, die auch postmitotische Präsynthesephase genannt wird. Die Zelle beginnt zu wachsen und ihr Inhalt (das Zytoplasma) mit den Funktionseinheiten (den Organellen) wird gebildet. Weiterhin findet die Synthese von mRNA statt und es werden Histonproteine und die Enzyme der DNA-Replikationsmaschinerie, die in der nächsten Phase benötigt werden, synthetisiert. In einer sich permanent teilenden Zelle dauert die G1-Phase, abhängig vom Zelltyp, etwa drei Stunden. Die S- oder Synthesephase ist durch den Prozess der DNA-Replikation charakterisiert sowie den andauernden Aufwand, die Histonproteine, die zur Verpackung der genomischen DNA benötigt werden, zu synthetisieren. Die S-Phase benötigt durchschnittlich etwa sieben Stunden. Die G2-Phase, auch als Prämitose- oder Postsynthesephase bezeichnet, geht der eigentlichen Zellteilung unmittelbar voraus. Als Teil eines Gewebes lockern die Zellen den direkten Kontakt zu ihren Nachbarzellen, runden sich normalerweise ab und vergrößern sich insgesamt. Die Synthese von RNA und Proteinen konzentriert sich auf die Schlüsselkomponenten der Mitose. Die Phase nimmt bis zu vier Stunden in Anspruch. Zuletzt erfolgt in der M- oder Mitose-Phase die Teilung, die verdoppelte, in Chromosomen angeordnete DNA wird separiert, und der Zellkern teilt sich (Karyokinese) ebenso wie der Rest der Zelle (Zytokinese). Die M-Phase selbst dauert etwa 30–60 Minuten und kann noch einmal in fünf Phasen (Pro-, Prometa-, Meta-, Ana- und Telophase; Details siehe Alberts et al. 2014) unterteilt werden.

In proliferierendem Gewebe, in dem die Zellen sich permanent teilen, erfolgt nach der Mitose dann die nächste G1-Phase. Ausdifferenzierte Zellen, die spezielle Funktionen ausüben und definierte Rollen im Gewebeverband einnehmen, bleiben in der G1-Phase, die dann als G0- oder Ruhephase bezeichnet wird. G0 stellt einen speziellen ruhenden Zellzustand dar. Nervenzellen, Muskelzellen und rote Blutkörperchen (Erythrozyten) sind die wichtigsten Beispiele von Zellen in der G0-Phase. G0 ist jedoch nicht nur der Status differenzierter Zellen, der ihnen erlaubt, ihre Funktion im Gewebe zu erfüllen. Zellen treten auch in G0 ein, wenn die extrazelluläre unmittelbare Umgebung für das weitere Durchlaufen des Zellzyklus unvorteilhaft ist, also z. B. Wachstumsfaktoren oder Nährstoffe, die für die S-Phase notwendig sind, fehlen. Im Kontext dieses Buchs sollte unbedingt erwähnt werden, dass ein permanenter Arrest von Zellen in der G0-Phase nicht identisch ist mit der Seneszenz oder der physiologischen Alterung von Zellen und nicht alle Zellen in G0 dem Tod entgegengehen. Bei entsprechender Stimulation können einige Zelltypen aus G0 wieder in den Zellzyklus gelangen. Eine Schädigung der zellulären DNA und andere signifikante Veränderungen verursachen ein Eintreten in den Ruhezustand. Es ist wichtig, festzuhalten, dass der Seneszenzstatus und der Ruhezustand unterschiedliche Dinge sind. Sobald eine Zelle vollständig in den Seneszenzprozess eintritt, gibt es keine Umkehrung des Prozesses, der letztendlich zu einem kontrollierten Zelltod (Apoptose) führt. Der Ruhezustand andererseits ist reversibel. Ein kürzer oder länger andauernder Ruhezustand kann nicht nur auf der zellulären Ebene beobachtet werden, sondern auch in ganzen Organismen. Einer der wichtigsten Modellorganismen in der Altersforschung, der Fadenwurm *Caenorhabditis elegans* (*C. elegans*), entwickelt sich in vier Larvalstadien. Wenn die Umweltbedingungen für die weitere Entwicklung ungünstig sind (z. B. geringes Nahrungsangebot, zu viele Larven), wird das zweite Larvalstadium zu einem permanenten Stadium, das (auch im Englischen) als *Dauer*stadium (*Dauer*larven) bezeichnet wird und bis zu drei Monate andauern kann. Interessanterweise wird dieser Ruhezustand in *C. elegans* durch ein spezielles Steroidhormon (das sog. *Dauer*pheromon) induziert. Der Status ist offensichtlich eine Überlebensstrategie des Wurms, um spezifische oder ungünstige Bedingungen zu überstehen. Während die meisten Nervenzellen permanent in der G0-Phase verbleiben, treten einige Zelltypen nach Wochen und Monaten in G0 wieder in den Zellzyklus ein, darunter Leberzellen (Hepatozyten) und Lymphozyten. Dazu müssen die Zellen durch spezifische Bedingungen und

externe Wachstumsfaktoren stimuliert werden. Das Wissen um solche stimulato-
rischen Signale von außen, die Zellen wieder in den Zellzyklus eintreten lassen
oder sie andauernd darin halten, ist von entscheidender Bedeutung, um eine ganze
Reihe menschlicher Erkrankungen zu verstehen. Ein konstanter Zellzyklus, verursacht durch unkontrollierte Wachstumsvorgaben, ist ein typisches Kennzeichen
von Krebszellen. Da das Verständnis eines jeden medizinischen Problems mit dem
Verständnis der zugrunde liegenden molekularen Mechanismen und wichtigsten
Kontrollschalter pathologischer Prozesse beginnt, sollen hier die für den Zellzyklus
verantwortlichen Hauptkomponenten kurz zusammengefasst werden.

2.2 Cycline und cyclinabhängige Kinasen

Der Prozess des Zellzyklus, die exakte Abfolge der Phasen und der metabolische
und synthetische Aufwand in den entsprechenden einzelnen Phasen müssen streng
kontrolliert werden. Die zellulären Funktionen wie auch ihre Kontrolle werden
durch spezialisierte Proteine ausgeführt. Für diese Zellzykluskontrolle sind zwei
Gruppen von Proteinen essenziell, die sog. Cycline und cyclinabhängigen Kinasen
(*cycline-dependent kinases*, CDK; Abb. 2.2).

Kinasen sind spezialisierte Enzyme, die Phosphatgruppen meist von ATP (Ade-
nosintriphosphat, allgemein ausgedrückt der Energiewährung in Zellen) auf spezifische Substrate übertragen und somit Phosphotransferasen sind. Während die
Enzyme als Kinasen bezeichnet werden, heißt der Prozess selbst Phosphorylierung und ist einer der häufigsten posttranslationalen Modifikationen von Proteinen,
über den die Funktion vieler Proteine reguliert wird. In Säugerzellen sind mehr als
500 Kinasen beschrieben, die die Transmitter intrazellulärer Signale sind. Für gewöhnlich können drei Aminosäurereste in der Proteinsequenz phosphoryliert sein.
Diese Aminosäuren sind aufgrund ihrer biochemischen Struktur Serin, Threonin
und Tyrosin. Die Phosphorylierung durch Kinasen kann an mehreren Stellen im
Protein erfolgen. Genau das geht bei der Zellzykluskontrolle vonstatten, indem ein
zeitlich kontrollierter Transfer von Phosphatgruppen und ihre Entfernung, die biochemisch wiederum durch Enzyme, sog. Phosphatasen, bewerkstelligt wird, den
Aktivitätszustand der zellzyklusassoziierten Proteine, der Cycline, kontrolliert. Cycline und cyclinabhängige Kinasen sind in der Zelle eng assoziiert und der ge-
genwärtige Phosphorylierungs- und Dephosphorylierungsstatus des Cyclins ist das
zentrale Regulationssignal für die einzelne Zellzyklusphase. Heute sind mindestens
acht Typen von Cyclinen (Cyclin A bis H) und neun unterschiedliche CDK-Varian-
ten (CDK 1 bis 9) beschrieben. Basierend auf einer großen Menge von Daten weiß
man, dass hauptsächlich die Cycline A bis E und CDK 1, 2, 4 und 6 direkt den
Zellzyklus beeinflussen.

Die Cycline können in generelle Klassen unterteilt werden, die durch die Stufe
des Zellzyklus, in dem sie die CDK binden, definiert sind. Die drei Klassen, die in
eukaryotischen Zellen essenziell sind, sind: (1) G1/S-Phase-Cycline, die am Ende
von G1 CDK binden und zur Replikation der DNA führen, (2) S-Phase-Cycline,

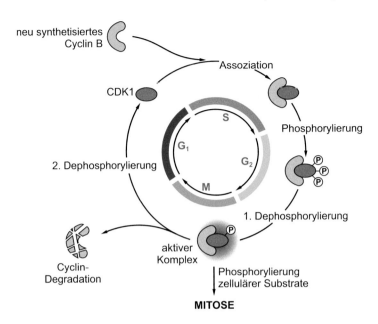

neu synthetisiertes Cyclin B

CDK1

Assoziation

S

G₁

G₂

M

Phosphorylierung

2. Dephosphorylierung

1. Dephosphorylierung

Cyclin-Degradation

aktiver Komplex

Phosphorylierung zellulärer Substrate

MITOSE

Abb. 2.2 Regulation des Zellzyklus durch Cycline/CDK. Cycline und cyclinabhängige Kinasen (*CDK*) interagieren direkt miteinander. Eine Abfolge von Phosphorylierung und Dephosphorylierung bildet die entsprechenden Zellzyklusphasen ab. Während die CDK nach der zweiten Dephosphorylierung in eine neue Runde des Zellzyklus eintreten, werden die Cycline abgebaut und bei Bedarf neu synthetisiert (am Beispiel von Cyclin B/CDK1; mod. nach Müller-Esterl 2011)

die CDK in der S-Phase binden und essenziell für den Beginn der DNA-Replikation sind, und (3) Mitosecycline, die den Prozess der Mitose begünstigen und lenken. Die Kontrolle des Zellzyklus ist in den Standardlehrbüchern der Molekularbiologie exzellent beschrieben; die grundlegenden Prinzipien sollen hier dennoch kurz zusammengefasst werden: Die akute Phase des Zellzyklus wird durch drei Hauptparameter bestimmt, (1) das exakte stöchiometrische Verhältnis von Cyclinen zu den CDK, (2) die biochemische Aktivität dieser Proteine, die durch ihren Phosphorylierungszustand bestimmt wird, und (3) die direkte physikalische Interaktion dieser Proteine (in Abb. 2.2 gezeigt für die Cycline). Die Aktivität der CDK kann sowohl durch Phosphorylierungen mit inhibitorischer Wirkung als auch durch inhibitorische Proteine, sog. „*cyclin-dependent kinase inhibitors*" (CKI; prominentester Vertreter ist das Protein p21), „abgeschaltet" werden (s. Alberts et al. 2014). Im molekularen Detail wurden die Kontroll- und Überwachungssysteme des Zellzyklus v. a. in Hefe analysiert, die Ergebnisse lassen sich jedoch auf menschliche Zellen übertragen. Die Proteine, die den Zellzyklus kontrollieren, sind in der Evolution hoch konserviert, sodass die Proteine niederer Organismen und Zellen (z. B. Hefe) ihre Funktion in Säugerzellen ausüben können und *vice versa*. Daher können wir heute sagen, dass das enge Zusammenspiel von Cyclinen und CDK in Kombination mit der reversiblen Phosphorylierung der Cycline die tatsächliche Zellzyklusphase vermittelt und determiniert und, konsequenterweise, ein vorgeschalteter regulatorischer Mechanismus notwendig ist, der diese kontrolliert. Ein solcher regulatorischer Mechanismus, der die Anwesenheit von Proteinen in Zellen kontrolliert, ist die intrazelluläre Proteolyse. Von enormer Wichtigkeit ist die Inaktivierung von Cyclin-CDK-Komplexen durch Proteolyse; diese wird durch das Ubiquitin-Proteasom-System bewerkstelligt, einen der beiden Hauptproteinabbauwege in Zellen, die später noch im Kontext mit ihrer Rolle für die zelluläre Alterung diskutiert werden. Die zellzyklusassoziierten Proteine durchlaufen eine zyklische Proteolyse, die ihre tatsächlichen intrazellulären Spiegel kontrolliert.

Es wurde bereits darauf hingewiesen, dass zur Aufrechterhaltung der genomischen Stabilität die DNA der sich teilenden Zelle ohne Veränderungen oder Schäden weitergegeben werden muss. Sobald der Zellzyklus angelaufen ist, müssen Fehler also unbedingt vermieden werden, da sonst Veränderungen im Genom direkt auf die Tochterzellen übertragen werden würden. Folglich werden alle Schritte und Phasen des Zellzyklus genauestens überwacht und es existieren mehrere Kontrollpunkte, die durch unterschiedliche Klassen von Proteinen vermittelt werden. Die Hauptaufgabe dieser Kontrollmechanismen besteht darin, die Weitergabe fehlerhafter DNA zu vermeiden, die zu unkontrollierter Zellproliferation und damit letztendlich zur Tumorbildung führen kann. Die immense Wichtigkeit der Zellzykluskontrollmechanismen und ihrer nachhaltigen Bedeutung für das Verständnis entscheidender Prozesse bei der Entwicklung von Krankheiten wurde durch die Verleihung des Nobelpreises für Physiologie oder Medizin an Leland H. Hartwell, Tim Hunt und Paul M. Nurse im Jahr 2001 für ihre Entdeckungen zu Schlüsselregulatoren des Zellzyklus unterstrichen.

2.3 *Better safe than sorry*: die komplexe Kontrolle des Zellzyklus

Die Kontrolle des Zellzyklus ist, obwohl viele Details schon bekannt sind, noch immer ein aktuelles Thema der molekularen Forschung. Hier soll auf die beiden wichtigsten Kontrollproteine, das Retinoblastomprotein (Rb) und das Protein 53 (p53) eingegangen werden. Ein Großteil des Einblicks in die Zellzykluskontrolle wurde durch die Krebsforschung gewonnen, da Zellen mit unbeschränkter Proliferationskapazität, wie sie in Tumoren vorkommen, offensichtlich das Resultat einer nicht funktionierenden Kontrolle sind. Bei der genaueren Betrachtung von Tumorzellen und ihrem Zellzyklus findet man, dass häufig die Kontrolle des G1/S-Übergangs gestört ist. Eine wichtige Komponente in diesem Kontext ist der Transkriptionsfaktor E2F, der an spezifische DNA-Sequenzen in den Promotoren von Genen bindet, die für Proteine codieren, die wiederum für den Eintritt der Zelle in die S-Phase notwendig sind, einschließlich von G1/S- und S-Cyclinen. E2F selbst wird durch die direkte Interaktion mit dem Protein Rb kontrolliert. Rb steht für Retinoblastom, einen Tumor der menschlichen Retina, der ursprünglich in einer erblichen Form von Augenkrebs bei Kindern entdeckt wurde. Mutationen in Rb

führen zur Tumorbildung; nicht mutiertes, d. h. wildtypisches Rb supprimiert die
Tumorbildung, indem es via E2F mit dem Zellzyklus interferiert. Funktionell intaktes Rb ist daher ein klassischer Inhibitor der Zellzyklusprogression. Wie in Abb. 2.3
gezeigt, ist während der G1-Phase nichtphosphoryliertes (aktives) Rb mit E2F assoziiert. Die Rb-E2F-Bindung an der DNA verhindert die Transkription von S-Phase-
Genen. In Zellen, die zur Proliferation stimuliert werden, beispielsweise durch extrazelluläre Wachstumsfaktoren, häufen sich Cyclin-CDK-Komplexe an, die zur
Phosphorylierung und Inaktivierung von Rb führen. Diese wiederum bewirkt eine Abnahme der Affinität zu E2F und schließlich eine komplette Dissoziation. Das
freie E2F-Protein aktiviert dann die Transkription von S-Phase-Genen. Zusammengefasst ist Rb, durch seine direkte Interaktion mit E2F und die Modulation von
dessen Funktion, ein Inhibitor der Zellzyklusprogression, der eine unkontrollierte
Proliferation verhindert. Aufgrund eben dieser wichtigen Aktivität wird Rb auch
als Tumorsuppressorprotein bezeichnet (Lombard et al. 2005). Seine Schlüsselrolle
wird unterstrichen durch die Tatsache, dass eine einzelne Mutation im Rb-Gen zur
Tumorentwicklung führen kann. Genau genommen ist Rb kein einzelnes Protein,
sondern besteht aus einer ganzen Familie von Proteinen. Kürzlich konnte der Blick
auf Rb als Tumorsuppressor erweitert werden: Es wurde gezeigt, dass Rb auch eine
Rolle bei der Aufrechterhaltung der genomischen Stabilität spielt. Dysfunktionales
Rb-Protein befördert die Instabilität von Chromosomen und Aneuploidie, d. h. eine
abnorme Anzahl von Chromosomen (Manning und Dyson 2012).

Ein weiteres Schlüsselprotein, das die unkontrollierte Proliferation von Zellen
verhindert und somit auch als Tumorsuppressor agiert, ist das Protein p53 (53 steht
für sein Molekulargewicht von 53 Kilodalton). Als *Checkpoint*-Protein hält es den

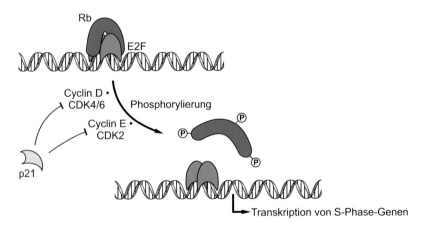

Abb. 2.3 Funktionsweise des Tumorsuppressorproteins Rb. In seiner aktiven Form bindet
das Retinoblastomprotein (*Rb*) an den Transkriptionsfaktor E2F. Der Rb-E2F-Proteinkomplex
blockiert an der DNA die Transkription von S-Phase-Genen. Nach Stimulation wird Rb phosphoryliert (durch Cyclin D/CDK 4/6 oder Cyclin E/CDK 2), was zu seiner Freisetzung von E2F
und der DNA führt; die Dissoziation erlaubt anschließend die Transkription der entsprechenden
Gene. (Mod. nach Müller-Esterl 2011)

Zellzyklus an, wenn die DNA geschädigt ist. Zellen sind andauernd mit einer Vielzahl von Herausforderungen konfrontiert. Dazu zählt insbesondere Strahlung, und hier die dauernde UV- und ionisierende Strahlung (kosmische Strahlung, Höhenstrahlung), die beide die DNA direkt schädigen können. Daneben können Chemikalien und Toxine, wie z. B. Substanzen, die in die Doppelhelixstruktur der DNA interkalieren, DNA-Schäden verursachen und anschließend Prozesse an der genomischen DNA, v. a. Replikation und Transkription, stören. Die offensichtlichsten Läsionen sind Quervernetzungen (*crosslinks*) der DNA-Stränge und strukturelle Schäden wie DNA-Strangbrüche (die in Abschn. 3.2 ausführlicher diskutiert werden). Neben der Beeinträchtigung von Replikation und Transkription kann ein DNA-Schaden zu Sequenzveränderungen (Mutationen) führen, die, wenn sie nicht beseitigt werden, von der Mutter- auf die Tochterzellen vererbt werden, und wiederum zelluläre Fehlfunktionen und Tumorbildung auslösen können. Da solche DNA-Schadensereignisse permanent stattfinden und häufig sind, verfügen Zellen über intrinsische DNA-Reparaturmechanismen, die den Schaden beheben und die korrekte DNA-Struktur und -sequenz aufrechterhalten können. Um dieser Maschinerie, die weiter unten genauer vorgestellt wird, Zeit für die Reparatur einzuräumen, werden Zellen bei einem DNA-Schaden am p53-Checkpoint in der späten G1-Phase angehalten. P53 wird bei gentoxischem und anderweitigem zellulären Stress durch den Anstieg der Proteinspiegel (Verhinderung seiner Degradation) sowie durch regulatorische Modifikationen (z. B. Phosphorylierung) aktiviert. Das Protein ist an mehreren zentralen Signalwegen in der Zelle beteiligt, wobei seine Spezifität u. a. durch die Interaktion mit anderen Proteinen gesteuert wird. Seine wichtigste Funktion übt p53 aus, indem es als Transkriptionsfaktor fungiert und die Expression von Genen induziert, die einen zellulären Wachstumsarrest, die Reparatur der DNA und Apoptose („programmierter Zelltod", s. u.) vermitteln. Zum G1-Arrest kommt es, wenn p53 den CKI (CDK-Inhibitor, s. o.) p21 transaktiviert, der G1/S-CDK-Komplexe zu inhibieren in der Lage ist (Vousden und Lu 2002; Vogelstein et al. 2000; Tokino und Nakamura 2000). Darüber hinaus wurde gezeigt, dass p53 direkt an der Reparatur von DNA-Doppelstrangbrüchen beteiligt ist, indem es die Genauigkeit des Rekombinationsprozesses kontrolliert und somit über seine Checkpointfunktion hinaus der Krebsentstehung entgegenwirkt (Bertrand et al. 2004; Gatz und Wiesmüller 2006).

2.4 *Last exit*: Seneszenz und Apoptose

Mutationen im p53-Gen, die zu einem dysfunktionalen Protein führen, sind in menschlichen Tumoren überaus häufig: sie werden in etwa der Hälfte aller Krebsfälle beobachtet. Wenn die DNA-Reparaturmechanismen nicht hinreichend arbeiten oder der DNA-Schaden zu schwerwiegend ist, übt p53 eine weitere Funktion aus. Im Lauf der Evolution hat sich das Konzept bewährt, dass die Gesundheit des Gesamtorganismus wichtiger ist als das Überleben einer einzelnen Zelle, die DNA-Schäden akkumuliert hat, ihre mutierte DNA weiter vererbt und den Organismus so in Gefahr bringt. Eine solche Zelle treibt p53 zum kontrollierten Zelltod (Apoptose). Speziell diese Funktion von p53 ist der Schlüssel zur Verhinderung der Tumorbildung und erklärt, warum in so vielen Krebsarten mutiertes, dysfunktionales p53 beobachtet wird. Zusammengenommen verhindert die korrekte Funktion von p53 und Rb die unkontrollierte Zellteilung und die Bildung von Tumoren. Auf der molekularen Ebene sind p53 und Rb über das Protein p21 verbunden (Abb. 2.3 und 2.4). Der p53-vermittelte Prozess, eine geschädigte Zelle dem kontrollierten Zelltod zuzuführen, kann als *Exit*-Strategie gesehen werden, sich eines potenziellen Tumorvorläufers zu entledigen und damit den Gesamtorganismus zu retten. In der neueren Literatur wird betont, dass es eine entscheidende Eigenschaft von Säugerzellen sei, die Tumorentstehung zu unterdrücken (Kuilman et al. 2010).

Es ist ein charakteristisches Kennzeichen von Tumorzellen, unkontrolliert und andauernd den Zellzyklus zu durchlaufen. In den meisten (nichttransformierten) Säugerzellen ist das Teilungspotenzial jedoch begrenzt und es gibt einen potenziellen physiologischen Endpunkt des Lebens einer Zelle, die zelluläre Seneszenz. Dieses begrenzte replikative Potenzial von Zellen wurde in primären Zellen entdeckt, die aus einem Organismus entnommen und kultiviert wurden, und wird als „Hayflick-Limit" bezeichnet (Hayflick und Moorhead 1961). Leonard Hayflick stellte 1965 überdies die Hypothese auf, dass die begrenzte Lebenszeit von diploiden Zellstämmen *in vitro* ein Ausdruck von Altern oder Seneszenz auf der

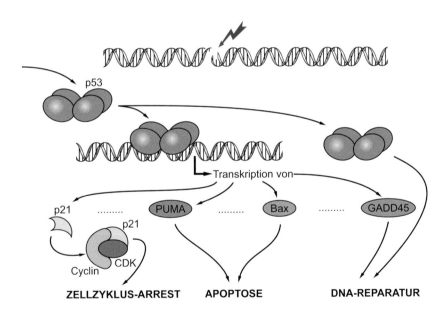

Abb. 2.4 Vereinfachte Funktionsweise des Tumorsuppressorproteins p53. Bei Schädigung der DNA (z. B. bei Strangbrüchen), wie sie beispielsweise durch UV- oder ionisierende Strahlung verursacht wird, wird p53 aktiviert und induziert die Transkription von Genen, die einen Zellzyklusarrest (z. B. p21), Apoptose (z. B. Bax, PUMA) und DNA-Reparatur (z. B. GADD45) kontrollieren. Darüber hinaus nimmt p53 auch direkt Einfluss auf die DNA-Reparatur

zellulären Ebene sei. Nach dieser Annahme bedeutet zelluläre Seneszenz den stabilen und lang anhaltenden Verlust proliferativer Kapazität trotz fortgesetzter Lebensfähigkeit und metabolischer Aktivität (Hayflick 1965; zur Übersicht: Kuilman et al. 2010). Seneszente Zellen sind durch morphologische und biochemische Veränderungen charakterisiert, wie gesteigerte Größe, Chromatinrearrangements, Verlust des Intermediärfilaments Lamin B1, erhöhte Aktivität bestimmter Enzyme (β-Galaktosidase; p38MAPK, *mitogen-activated protein kinase*) und die Sekretion mehrerer Cytokine, Wachstumsfaktoren und Proteasen (Bitto et al. 2014). Der seneszente Zustand kann durch unterschiedliche Formen von zellulärem Stress induziert werden, u. a. oxidativem Stress, gentoxischem Stress, Verlust oder Dysfunktion der Telomere (s. u.) sowie der Aktivität aktivierter Onkogene (Bitto et al. 2014; Burton und Krizhanovsky 2014). Auf diese Stimuli antwortet die Zelle mit der eben beschriebenen Signalkaskade der Aktivierung von p53 und p21, die zur Inhibition cyclinabhängiger Kinasen und damit zum Zellzyklusarrest führt, oder mit dem sog. p38-MAPK-Weg, der ebenfalls einen Wachstumsarrest zur Folge hat (Bitto et al. 2014). Seneszente Zellen können auch *in vivo* in Geweben identifiziert werden (Herbig et al. 2006); ihr Schicksal dort war lange Zeit unklar, aber neuere Resultate legen nahe, dass diese Zellen sowohl durch das angeborene als auch das erworbene Immunsystem beseitigt werden können (Burton und Krizhanovsky 2014). Seneszenz und Apoptose können daher auch als parallel verlaufende Wege angesehen werden, durch die signifikant geschädigte Zellen aus dem Körper entfernt werden. Es wurde jedoch gezeigt, dass seneszente Zellen in Geweben auch dauerhaft existieren können und ihre Anzahl mit dem Alter ansteigt. Durch ihre Eigenschaft, lösliche Faktoren zu sezernieren, nehmen sie außerdem Einfluss auf das umliegende Gewebe. Gegenwärtig gilt die Hypothese, dass diese persistierenden seneszenten Zellen nachteilige Effekte auf die Gewebsfunktion haben. Wenn dem so ist, wäre die Seneszenz ein Beispiel von antagonistischer Pleiotropie: sie wäre ein Antitumormechanismus in frühen Lebensphasen, die dann aber nachteilige Effekte in späten Lebensphasen aufweist (Hornsby 2010).

Beim Versuch, die molekulare Basis der replikativen Seneszenz zu erklären, liegt es nahe, die Ursache für die Limitation der Anzahl der möglichen Zellteilungen in der Leistungsfähigkeit und Effektivität der Enzymmaschinerie, die die DNA-Replikation bewerkstelligt, zu suchen und in der speziellen Struktur der Chromosomen, genauer ihrer Endstruktur, den Telomeren. Dies ist die Rationale, der einer der wichtigsten Alternstheorien, die Telomertheorie der Alterung, zugrunde liegt, die im nächsten Kapitel vorgestellt wird.

Literatur

Alberts B, Johnson A, Lewis J, Morgan D, Raff M, Roberts K, Walter P (2014) Molecular Biology of the Cell, 6. Aufl. Taylor & Francis, New York

Bertrand P, Saintigny Y, Lopez BS (2004) p53's double life: transactivation-independent repression of homologous recombination. Trends Genet 20:235–243

Bitto A, Crowe EP, Lerner C, Torres C, Sell C (2014) The senescence arrest program and the cell cycle. Methods Mol Biol 1170:145–154

Burton DG, Krizhanovsky V (2014) Physiological and pathological consequences of cellular senescence. Cell Mol Life Sci 71:4373–4386

Deweerdt S (2012) Comparative biology: Looking for a master switch. Nature 492(7427):10–11

Gatz SA, Wiesmüller L (2006) p53 in recombination and repair. Cell Death Differ 13:1003–1006

Hayflick L (1965) The limited in vitro lifetime of human diploid cell strains. Exp Cell Res 37:614–636

Hayflick L, Moorhead PS (1961) The serial cultivation of human diploid cell strains. Exp Cell Res 25:585–621

Herbig U, Ferreira M, Condel L, Carey D, Sedivy JM (2006) Cellular senescence in aging primates. Science 311:1257

Hornsby PJ (2010) Senescence and life span. Pflugers Arch 459(2):291–299

Kuilman T, Michaloglou C, Mooi WJ, Peeper DS (2010) The essence of senescence. Genes Dev 24(22):2463–2479

Lombard DB, Chua KF, Mostoslavsky R, Franco S, Gostissa M, Alt FW (2005) DNA repair, genome stability, and aging. Cell 120(4):497–512

Manning AL, Dyson NJ (2012) RB: mitotic implications of a tumour suppressor. Nat Rev Cancer 12(3):220–226

Müller-Esterl W (2011) Biochemie: Eine Einführung für Mediziner und Naturwissenschaftler, 2. Aufl. Spektrum Akademischer Verlag, Heidelberg

Tokino T, Nakamura Y (2000) The role of p53-target genes in human cancer. Crit Rev Oncol Hematol 33(1):1–6

Virchow R (1858) Die Cellularpathologie in ihrer Begründung auf physiologische und pathologische Gewebelehre, 1. Aufl. Hirschwald, Berlin

Vogelstein B, Lane D, Levine AJ (2000) Surfing the p53 network. Nature 408(6810):307–310

Vousden KH, Lu X (2002) Live or let die: the cell's response to p53. Nat Rev Cancer 2(8):594–604

Kapitel 3
Theorien und Mechanismen des Alterns

Je mehr man über die einzelnen Gene und Prozesse weiß, die bei der Alterung eine Rolle spielen, desto evidenter wird, dass diese miteinander in Zusammenhang stehen und es die eine Alternstheorie nicht gibt. Jede einzelne Theorie rückt einzelne Faktoren und Prozesse in den Mittelpunkt und bei jeder existieren direkte Verbindungen zur Lebensdauer oder zu altersassoziierten Krankheiten. Im folgenden Kapitel werden die wichtigsten Alternstheorien, die sich auf Telomere, DNA-Schäden, oxidativen Stress, die mögliche Rolle der Ernährung, das Zusammenspiel von Genen und Umwelt (Epigenetik) und die zelluläre Proteinhomöostase konzentrieren, vorgestellt. In Tiermodellen kann die Lebensspanne zudem durch spezifische Gene, Proteine und Signalwege verändert werden. Im Überblick über die unterschiedlichen Mechanismen und Faktoren, die in den Alterungsprozess von Zellen und Organismen involviert sind, wird offensichtlich, dass das Altern ein multifaktorieller Prozess ist, dem verschiedene enge, wechselseitige Beziehungen zugrunde liegen. Folgerichtig wird am Ende des Kapitels die neue Idee einer molekularen Matrix des Alterns entwickelt, die sich aus den Hauptakteuren, die den Alterungsprozess beeinflussen und steuern, zusammensetzt.

Wenn jemand erklären könnte, warum genau wir altern, wäre dies ein echter Fortschritt im Verständnis der Endlichkeit des menschlichen Lebens und würde vermutlich sofort den Versuch nach sich ziehen, den Prozess umzukehren und Unsterblichkeit zu erreichen. Solche Szenarien finden sich zuhauf in Science-Fiction-Filmen, aber auch für wissenschaftliche, pseudowissenschaftliche und esoterische Gemeinschaften ist *Anti-Aging* ein wichtiges Thema. Das Ziel der Anstrengungen ist, den altersassoziierten physiologischen Veränderungen des Körpers entgegenzuwirken und die Lebensdauer nach individuellem Wunsch auszudehnen (s. z.B. www.antiaging.com; www.antiaging-systems.com). Und die menschliche Phantasie kennt, geht es um Altern und Lebensende, keine Grenzen. Ein schönes Beispiel ist der US-Film *In Time* aus dem Jahr 2011. Der Plot beruht darauf, dass im Jahr 2169 alle Menschen von Geburt an eine innere digitale Uhr tragen, die mit 25 Jahren aktiviert wird. Jeder hat dann noch eine Lebensdauer von exakt einem Jahr, bevor er stirbt. In diesem Film wird die Lebenszeit zur einzigen universellen Währung. Lebenszeit kann erworben (z.B. durch Arbeit), ausgegeben (für Produk-

C. Behl, C. Ziegler, *Molekulare Mechanismen der Zellalterung und ihre Bedeutung für Alterserkrankungen des Menschen*, DOI 10.1007/978-3-662-48250-6_3

te und Dienstleistungen) und von einer Person zur anderen übertragen werden. Die Voraussetzung für die Handlung ist, dass jeder Mensch mit einer bestimmten Genmanipulation geboren wird, die eingeführt wurde, um die Überbevölkerung auf der Erde in Grenzen zu halten. Ein weiteres Beispiel: Die Kurzgeschichte *Der seltsame Fall des Benjamin Button*, von F. Scott Fitzgerald 1922 veröffentlicht, beschreibt einen Mann, der mit dem Aussehen eines 70-Jährigen geboren wird. Als Benjamin 12 wird, merkt seine Familie, dass er „rückwärts altert" und mit den Jahren immer jünger wird. Sowohl in dieser Geschichte, die mittlerweile selbst fast 100 Jahre alt ist, als auch in der neuesten Science-Fiction werden die Lebensdauer und der Alterungsprozess also als etwas angesehen, das leicht kontrollierbar und daher nach Belieben manipulierbar ist. Wir wissen heute, dass dies nicht der Fall ist.

Wissenschaftlich existiert eine Vielzahl von Alternstheorien oder auch Alternshypothesen; bezüglich der beiden Begriffe wird hier, wie in der Alternsliteratur zumeist, kein epistemologischer Unterschied gemacht. Zunächst: Es gibt keine fest umrissene und definierte Erklärung für den Alterungsprozess des Individuums. Bereits auf zellulärer Ebene ist Altern hoch komplex; für den gesamten Organismus trifft dies umso mehr zu. Dennoch gibt es biochemische Prozesse und sogar einzelne molekulare Komponenten, die ganz offensichtlich großen Einfluss auf den Verlauf und die Geschwindigkeit des Alterungsprozesses haben. Diese können den Prozess in gewissem Ausmaß beschleunigen oder verlangsamen, ihn aber nicht zum Stillstand bringen. Und natürlich gibt es keinen Schalter, der den Alterungsprozess in Gang setzt oder wieder beenden könnte. In den folgenden Teilkapiteln können, aufgrund ihrer Anzahl, nicht alle Alternstheorien vorgestellt werden. Die Autoren beschränken sich auf die (ihrer Meinung nach) wichtigsten Mechanismen und maßgeblichen Faktoren, die wissenschaftlich anerkannt sind. Es wird mittlerweile zunehmend klar, dass praktisch alle Schlüsselprozesse auf molekularer Ebene miteinander verbunden sind und Altern vielfältigen Ursprungs ist. Im Folgenden werden die charakteristischen Kennzeichen des Alterns, die wichtigsten biochemischen Prozesse, die damit einhergehen, und die Mechanismen, die direkt und indirekt die Lebensdauer von Zellen und Organismen beeinflussen, zusammengefasst.

3.1   Die Telomertheorie des Alterns

Die Theorie, die die Chromosomen, genauer, die Telomere der Chromosomen, in den Fokus rückt, ist einer der frühen Versuche, das Altern durch die Fokussierung auf die Grundeinheit des Lebens, die Zelle, zu erklären. Solche zellbasierten Theorien implizieren, dass das Verständnis des Alterungsvorgangs von Zellen wichtige Hinweise für das Altern von Zellverbänden, Geweben, Organen und des gesamten Organismus geben kann oder es sogar vollständig zu erklären in der Lage ist. Telomere sind die physikalischen Enden der linearen Chromosomenstruktur. Ihre spezifische Nukleotidsequenz und spezielle Struktur schützen die Chromosomenenden vor Rekombination durch ein *Crossover*, das zu einem Austausch von DNA-

Abschnitten und einer Veränderung der DNA-Sequenz führen würde. Außerdem verhindern die Telomere ein Verkleben, eine Fusion und die enzymatische Degradation der Chromosomenenden. Während des Mitoseprozesses sind die Telomere überdies an der Erkennung der Chromosomen und ihrer Separation in der Meta- und Anaphase beteiligt. Interessanterweise können äußere Einflüsse wie Oxidation (als Konsequenz von oxidativem Stress, s. u.) signifikanten Einfluss auf die Integrität und Funktion der Telomere haben und kürzere Telomere assoziiert mit erhöhtem oxidativem Stress wurden sowohl in Typ 1- als auch in Typ 2-Diabetes gefunden (Vallabhaneni et al. 2013; Ma et al. 2013).

Die Telomere werden mit jeder DNA-Replikation und Zellteilung kürzer und nach einer definierten Anzahl von Zellteilungen treten die Zellen in den Status der Seneszenz ein (s. Abschn. 2.4, replikative Seneszenz). Grundsätzlich haben Zellen ein immenses Potenzial, Material zu recyceln und alle Biomoleküle, die für die DNA-Replikation und die Teilung einer Mutter- in zwei Tochterzellen notwendig sind, zu synthetisieren. Warum also werden Chromosomen mit jeder Zellteilung kürzer und warum ist die Zelle nicht in der Lage, die Länge und Struktur eines Chromosoms aufrechtzuerhalten? Die Antwort liegt in der DNA-Polymerase begründet, die die genomische DNA enzymatisch verdoppelt und ihre Funktion an den Telomeren nicht vollständig ausüben kann. Die molekulare Ursache für diese Limitation in der enzymatischen Aktivität der DNA-Polymerase liegt in ihrem gerichteten Wirkmechanismus (Cech 2004), der das sog. End-Replikationsproblem generiert (Abb. 3.1). Olovnikov und Watson haben erstmals in den frühen 1970er Jahren mit ihrer Feststellung, dass die Enden linearer Chromosomen ein biologisches Problem aufwerfen, da bei der Replikation der sog. Folgestrang durch die Standardpolymerasen nicht vollständig kopiert werden kann, auf die Implikationen des End-Replikationsproblems hingewiesen (Olovnikov 1996). Als Konsequenz geht mit jeder Replikationsrunde ein kurzes Stück der Telomere verloren, was zu einer konstanten, teilungsabhängigen Verkürzung der Chromosomen führt. Ist die Länge der Chromosomen unter einen kritischen Wert gefallen, erkennen die intrinsischen Kontrollmechanismen dies als DNA-Schaden und verhindern weitere Zellteilungen (Shay und Wright 2007). Dies führt dazu, dass die Zelle in einen seneszenten Zustand versetzt wird, sich nicht weiter teilt und letztlich in die Apoptose geht (Harley und Sherwood 1997; Corey 2009). Es muss jedoch Ausnahmen von diesem Konzept geben, da es in unserem Körper eine Vielzahl spezifischer Zell- und Gewebetypen gibt, die sich permanent teilen müssen, so z. B. Keimzellen oder Stammzellen regenerativer Gewebe wie der Mundschleimhaut. Diese Zellen bewältigen das Problem der Telomerverkürzung tatsächlich, indem sie ein spezifisches zelluläres Enzym, die Telomerase, exprimieren und aktivieren, die die Einschränkung der DNA-Polymeraseaktivität kompensiert und auf die Synthese der chromosomalen Endstücke spezialisiert ist. Das Enzym Telomerase kann das End-Replikationsproblem also lösen und soll daher hier kurz erläutert werden.

DNA-Replikation, DNA-Polymerase, Telomer-Verkürzung, Telomerase Die genomische DNA von Eukaryoten ist grundsätzlich doppelsträngig, d. h. sie besteht aus zwei Strängen mit im biochemischen Sinn gegensätzlicher Orientierung ($3'$

nach 5′ bzw. 5′ nach 3′) mit jeweils komplementären Nukleotidbasen. Die doppelsträngige DNA wird auf sog. semikonservative Weise durch eine komplexe Abfolge enzymatischer Reaktionen mit der DNA-Polymerase δ als Schlüsselenzym repliziert. Nach der Entwindung des Doppelstrangs durch das Enzym Helikase synthetisiert die Polymerase δ den gegenüberliegenden Strang, kann dies aber nur in eine Richtung, von 5′ nach 3′. Während die DNA-Synthese demnach am sog. Leitstrang kontinuierlich erfolgt, besteht sie am sog. Folgestrang aus einer Reihe von Reaktionen: Synthese einer kurzen Startsequenz aus RNA (*priming*), Synthese eines DNA-Abschnitts, Degradation der RNA, Auffüllen mit DNA und Ligation der Fragmente. Die letzte Konsequenz dieser Art und Weise der DNA-Replikation ist immer ein überhängendes 3′-Ende der DNA (Abb. 3.1).

Wann immer einzelsträngige DNA in Zellen auftritt, wird sie von entsprechenden Enzymen (DNasen) abgebaut. Wenn diese Enzyme also den einzelsträngigen Teil der replizierten DNA abschneiden, wird das verbleibende 3′-DNA-Ende offensichtlich verkürzt. Mit jeder Replikationsrunde wird das Chromosom so um etwa 100 Nukleotide verringert. Man nimmt an, dass exakt diese sukzessive replikationsabhängige Verkürzung der chromosomalen DNA das molekulare Korrelat der limitierten Zellteilungskapazität, des sog. Hayflick-Limits, darstellt. Die Chromosomen somatischer Zellen des Menschen sind mit einer bestimmten Anzahl telomerer Wie-

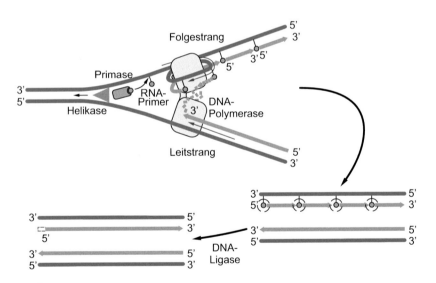

Abb. 3.1 Die komplexe Synthese der DNA: Leitstrang, Folgestrang und das End-Replikationsproblem. Durch Entwinden des DNA-Doppelstrangs durch eine Helikase bildet sich die Replikationsgabel. Während am sog. Leitstrang die DNA von der DNA-Polymerase kontinuierlich in 5′ → 3′-Richtung synthetisiert wird, ist die Verdopplung am sog. Folgestrang aufgrund der gegensätzlichen Orientierung komplexer und benötigt RNA-Primer für eine schrittweise Synthese sowie das Enzym DNA-Ligase zur Fertigstellung des komplementären Strangs. Am äußersten 5′-Ende des neuen DNA-Strangs fehlt jedoch ein kurzes Stück DNA, wenn der RNA-Primer abgebaut wird. Die DNA-Verdopplung am Ende des Strangs und somit am Ende des Chromosoms ist daher unvollständig („End-Replikationsproblem")

derholungseinheiten (*repeats,* s. u.) ausgestattet, und die Telomeraseaktivität ist in den meisten Zellen abgeschaltet. Nach 50–100 Zellteilungen weisen die entsprechenden Tochterzellen signifikant verkürzte Chromosomen auf und werden dann durch die intrazellulären Sicherungssysteme aus dem Zellzyklus entfernt: sie gehen in die replikative Seneszenz. In jüngerer Zeit wurde indes die Annahme, dass Telomere auf diese Weise die Anzahl der durchlaufenen Zellteilungen „zählen" durch ein Konzept abgelöst, nach dem Telomere als Sensoren für genotoxischen Stress und als molekulare Schalter agieren, die die Zellzyklusprogression als Antwort auf eine Reihe von Stressfaktoren stoppen (Suram und Herbig 2014).

Die Aktivität des Enzyms Telomerase löst das End-Replikationsproblem und ermöglicht beispielsweise Stammzellen, Keimzellen, aber auch Tumorzellen, kontinuierlich ihre DNA zu replizieren und permanent den Zellzyklus zu durchlaufen. Es ist in diesem Zusammenhang interessant, dass sich auch Bakterien ohne Einschränkungen teilen können (*E. coli* z. B. teilt sich unter idealen Nährstoff- und Temperaturbedingungen in etwa 20 Minuten), diese aber aufgrund ihrer ringförmigen DNA nicht mit dem End-Replikationsproblem konfrontiert sind. Auch die mitochondriale DNA von Eukaryoten besteht aus einem zirkulären Molekül und sieht sich daher ebenso wenig dem End-Replikationsproblem ausgesetzt. Die Telomer-DNA des Menschen besteht aus mehreren 1000 Nukleotiden doppelsträngiger DNA mit der Wiederholungssequenz TTAGGG und einem einzelsträngigen Abschnitt von 5 bis 400 Nukleotiden, die am sog. 3'-Ende der DNA überhängen (Alberts et al. 2014). Die Telomerase ist ein komplizierter Enzymkomplex, der einen kurzen Abschnitt RNA (die Telomerase-RNA) enthält, der als Matrize zur Vervollständigung der TTAGGG-Sequenz an den Telomeren dient. Das Enzym bringt also seine eigene Vorlage mit, um an das 3'-Ende des DNA-Strangs zu binden und verlängert diesen um exakt diese 6 Nukleotide, ein Prozess, der mehrfach wiederholt wird. Die Gesamtprozedur wird durch weitere, telomeraseunabhängige Enzyme abgeschlossen, u. a. eine DNA-Polymerase, die den Folgestrang komplettiert, was zu einem doppelsträngigen Chromosomende führt. Die Reaktion ist in Abb. 3.2 veranschaulicht.

Die Telomerase ist also ein Komplex, der aus einem Proteinenzym und RNA besteht. Ihre katalytische Untereinheit wird als hTERT (*human telomerase reverse transcriptase*) bezeichnet; der Terminus „reverse Transkriptase" bezieht sich auf die Fähigkeit des Enzyms, DNA von einer RNA-Vorlage zu synthetisieren. Wie oben erwähnt, ist die Aktivität dieses Enzymkomplexes in der Mehrzahl der somatischen Zellen stillgelegt. In den meisten Tumorzellen ist die Telomerase jedoch reaktiviert, um eine fortlaufende Zellteilung sicherzustellen. Wie die in Kap. 2 angeführten Mutationen der Zellzykluswächter p53 und Rb erlaubt die Aktivierung der Telomerase also die unkontrollierte Zellteilung und Tumorbildung. Für humane Krebszellen wurde gezeigt, dass die Expression von Telomerase in der Tat direkt mit der Aggressivität der Tumoren und ihrem Metastasierungspotenzial korreliert ist. Man weiß heute, dass ein Wirkmechanismus im Kontext der Tumorbildung darin besteht, dass hTERT direkt die Apoptose blockiert und somit der physiologisch vorgesehene Ausstieg aus dem Zellzyklus (*physiological cell cycle escape pathway*) verhindert wird (Lamy et al. 2013). Die Entdeckung der Telomerase durch Grei-

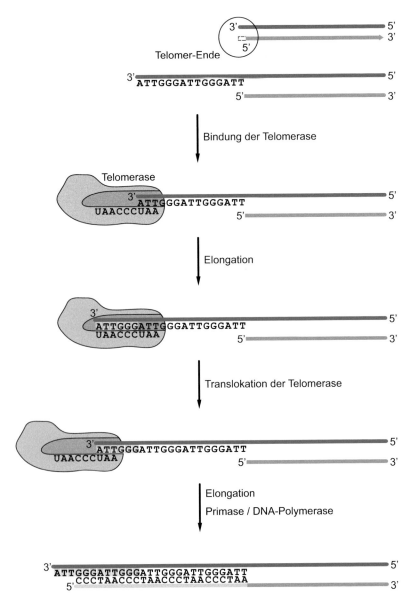

Abb. 3.2 Arbeitsweise des Enzyms Telomerase. Das Enzym Telomerase besteht aus einem Proteinteil und einem kurzen RNA-Stück, das komplementär zur Sequenz am überhängenden 3′-Ende der Telomere ist. Das Enzym ist in der Lage, DNA von der RNA-Vorlage zu synthetisieren, worauf die Telomerase am Strang vorrückt, ein Vorgang, der sich mehrere Male wiederholt. Der fehlende Abschnitt kann dann in 5′ → 3′-Richtung aufgefüllt werden. (Mod. nach Müller-Esterl 2011; Alberts et al. 2007)

der und Blackburn (Greider und Blackburn 1985) sorgte Mitte der 1980er Jahre
für große Aufregung. Damit wurde nicht nur die molekulare Grundlage einer der
Schlüsselfragen der Zellbiologie aufgeklärt, sondern auch die Hoffnung genährt,
dass mit der gezielten Aktivierung der Telomerase Zellen vor dem Schicksal der replikativen Seneszenz bewahrt werden und die zelluläre Alterung generell gestoppt
werden könnte. Heute, mit dem Wissen über die mögliche Rolle der Telomerase bei
der Tumorentwicklung und -progression, ist klar, dass die damaligen Erwartungen
der *Anti Aging*-Forscher nicht erfüllt wurden. Nichtsdestoweniger war die Beschreibung der Telomerase von entscheidender Bedeutung für die moderne Zellbiologie;
Elisabeth H. Blackburn, Carol W. Greider und Jack W. Szostak erhielten den Nobelpreis für Physiologie oder Medizin 2009 für die Entdeckung, wie Chromosomen
durch Telomere und das Enzym Telomerase in ihrer Integrität erhalten bleiben.

Telomere, Telomerase, Altern, Langlebigkeit und Progerie-Syndrome Ein in-
teressanter Aspekt der Telomere im Kontext der Alterung ist der direkte Vergleich
der Telomerlängen verschiedener Spezies. Mäuse und Menschen beispielsweise
besitzen ganz unterschiedliche Telomerlängen: Die Telomere des Menschen sind
etwa 10 Kilobasen lang, recht kurz im Vergleich zu den 20–50 Kilobasen von
Mäusen. Zudem ist in Mäusen die Telomerase in den meisten Geweben aktiv, während ihre Expression und Aktivität beim Menschen im Erwachsenenalter in fast
allen Geweben niedrig ist. Dieser Unterschied wurde mit der Tatsache erklärt, dass
die Lebensdauer von Mäusen sehr viel kürzer ist und die Zellproliferation sowie
der Erhalt eines fehlerfreien Genoms nicht notwendigerweise so streng kontrolliert
werden müssen wie in langlebigen Spezies wie dem Menschen. Bevor Mäuse in
ihrer natürlichen Umgebung, der Wildnis, Tumore entwickeln, enden sie normalerweise als Beute. Tumorkontrollsysteme allgemein haben sich als evolutionärer
Vorteil also wahrscheinlich nur in Spezies entwickelt, die lange genug leben, um
von einer Tumorentwicklung beeinträchtigt zu werden. Die Längen der Telomere
und die Aktivität der Telomerase wurden außerdem mit der Körpergröße und der
Lebenserwartung korreliert (Seluanov et al. 2007).

Das zweischneidige Schwert der Telomerasemodulation auf Ebene des gesamten Organismus wurde eindrücklich in transgenen Mäusen demonstriert. Durch eine
zusätzliche Aktivierung der Telomerase via transgener Überexpression von TERT
konnte eine Verlängerung der Lebensdauer um etwa 10 % erreicht werden. Andererseits führte die *In vivo*-Manipulation zu einer höheren Tumorinzidenz, die in
einer erhöhten Mortalität in den ersten Lebensjahren resultierte, sodass sich die
Verlängerung der Lebensdauer nur auf die überlebenden Mäuse bezog (González-
Suárez et al. 2005). Nur die zusätzliche Überexpression von Tumorsuppressorge-
nen (z. B. p53) führte zur Reduktion der frühen Mortalität und zur Verlängerung
der Lebensdauer (Tomás-Loba et al. 2008). Experimentell ist also eine eindeutige Verknüpfung zwischen Telomerase und Altern gezeigt. Diese konnte auch im
Menschen beschrieben werden. In einer Population von aschkenasischen Hundertjährigen ist ein spezieller Haplotyp der Telomerase vorhanden, der zu längeren
Telomeren und einem längeren Leben führt (Atzmon et al. 2010). Interessanterweise zeigen etliche Progerien, menschliche Syndrome, die durch beschleunigte,

vorzeitige Alterung gekennzeichnet sind, eine verstärkte Verkürzung der Telomere. Solche pathologischen Veränderungen des normalen Alterungsprozesses können
als humane Alternsmodelle dienen und die Erforschung von Progerien gibt direkte Hinweise auf die Mechanismen der Alterung. Abhängig vom spezifischen Typ
führen unterschiedliche molekulare Veränderungen zu den Syndromen. Dass verschiedene Progerien auf unterschiedliche Ursachen zurückzuführen sind, aber alle
den Phänotyp des Alterns aufweisen, legt einmal mehr nahe, dass mehrere kausale Faktoren und molekulare Veränderungen am Altern des Menschen beteiligt
sind.

Wichtige Beispiele für Progerien sind das Werner-Syndrom und das Hutchinson-
Gilford-Progeria-Syndrom (HGPS); es gibt noch eine Reihe weiterer (Klapper et al.
2001). Beide Krankheitsbilder weisen bereits in frühem Alter verschiedene altersassoziierte phänotypische Charakteristika auf, die von pathologischen Veränderungen wie Arteriosklerose, Diabetes und Demenz bis zu weniger dramatischen, aber
alterstypischen Merkmalen wie Ergrauen und Verlust von Haaren und Faltenbildung
der Haut reichen. Patienten, die am Werner-Syndrom leiden, sehen mit 40 Jahren
aus als seien sie 70 oder 80 Jahre alt. Die molekulare Ursache des Werner-Syndroms
ist ein gut charakterisierter genetischer Defekt in einem an der DNA-Replikation
beteiligten Enzym, der DNA-Helikase (s. o., auch als Werner-Helikase bezeichnet).
Die Krankheit manifestiert sich klinisch im Alter zwischen 10 und 20 Jahren mit der
Ausbildung typischer pathologischer Veränderungen wie Kleinwuchs, Katerakten,
Ergrauen und Haarverlust, *Skleroderma*-ähnlichen Veränderungen der Haut, später
kommen Osteoporose, Arteriosklerose, Neoplasien und Typ-1-Diabetes hinzu. Die
Patienten haben eine mittlere Lebenserwartung von etwa 50 Jahren. Die Mutatio-
nen der Werner-Helikase sind sog. *Loss of function*-Mutationen, also Mutationen,
die zum Funktionsverlust des Proteins führen; interessanterweise könnte das En-
zym auch eine Funktion bei der Reparatur der Telomere erfüllen. Für das Werner-
Syndrom, das Bloom-Syndrom und das HGPS nimmt man an, dass die verstärkte
Verkürzung der Telomere kausal an der Pathologie beteiligt ist.

Das Fortschreiten von HGPS verläuft bei Weitem schneller und die Lebenserwartung von HGPS-Patienten reicht von nur 7 bis 27 Jahren. Die genetische Ursache
von HGPS ist eine Mutation in dem Gen, das für das Protein Lamin A/C codiert.
Lamin A ist Teil der Kernhülle, wo es eine wichtige Rolle bei der Ausformung
des Zellkerns spielt. Mutationen, die HGPS verursachen, führen zur Produktion
einer abnormalen Version des Proteins, was dann zu einer instabilen Kernhülle
führt. Letztlich schädigen diese strukturellen Veränderungen den Zellkern zunehmend und führen zum vorzeitigen Zelltod. Heute kennt man etliche verschiedene
solcher Mutationen und fasst die resultierenden Erkrankungen als Laminopathi-
en zusammen. Die nähere Betrachtung der pathologischen Veränderungen bei
HGPS lässt überdies Verknüpfungen zu anderen altersbedingten zellulären Veränderungen erkennen. Die Mutation im Lamin A-Gen führt zu einem veränderten
mRNA-Transkript und dementsprechend zu einem aberranten Lamin A-Protein,
das auch als Progerin bezeichnet wird (Moulson et al. 2007). Intaktes Lamin A ist
an verschiedenen Stellen im Kern vorhanden und beeinflusst dort unterschiedliche
Prozesse. Es ist nicht nur kritisch für die generelle Integrität des Zellkerns, sondern

beeinflusst auch die Transkription, epigenetische Modifikationen (zu Epigenetik s. Abschn. 3.8) und die DNA-Replikation. Darüber hinaus wird auch vermutet, dass mutiertes Lamin A einen direkten Effekt auf die Länge der Telomere hat (Decker et al. 2009). Als Konsequenz der verschiedenen Aufgaben von Lamin A im Kernkompartiment, in dem permanent eine Vielzahl essenzieller Prozesse vor sich geht, werden derzeit unterschiedliche Mechanismen der Pathogenese von HGPS und Verknüpfungen zu biochemischen Prozessen, die auch an der normalen Alterung beteiligt sind, diskutiert. Darunter sind u. a. (1) eine veränderte Dynamik der Telomere, (2) eine verstärkte Schädigung der DNA (z. B. durch oxidativen Stress) sowie unzureichende Reparatur und (3) eine veränderte Zellproliferation und -seneszenz (Burtner und Kennedy 2010).

Eine andere Gruppe von Progerie-Syndromen ist direkt mit einer fehlerhaften DNA-Reparatur verknüpft (Alberts et al. 2014). Darunter findet sich die seltene und mechanistisch hoch interessante Progerie *Ataxia teleangiectasia* (AT), die durch einen Defekt in der Proteinkinase ATM ausgelöst wird, die, wenn intakt, DNA-Schäden erkennt und anschließend u. a. p53 durch Phosphorylierung aktiviert. Der p53-Kontollpunkt des Zellzyklus geht hier also verloren. Die Zellen können trotz fehlerhafter DNA den Kontrollmechanismen entkommen, was zur Tumorentwicklung führt. Daneben werden eine verminderte Immunkompetenz und neurodegenerative Symptome schon in jungen Jahren beobachtet (McKinnon 2012). Eine Schädigung der DNA, die sich manifestiert anstatt repariert zu werden, kann also eine Progerie hervorrufen. Bei einem tieferen Blick in die komplexe Welt der DNA-Reparaturenzyme und -mechanismen stößt man auf weitere erbliche Syndrome mit Defekten in der DNA-Reparatur. Da die einzelne Zelle große Anstrengungen unternimmt, die intakte Struktur und Sequenz ihrer DNA aufrechtzuerhalten, ist es im Hinblick auf die DNA-Schadenstheorie der Alterung leicht vorstellbar, dass Mutationen in Genen, die für DNA-Reparaturenzyme codieren, direkt zu Progerien und verstärkter Entwicklung von Tumoren führen. Bei Progerien ist eine beschleunigte Akkumulation von DNA-Schäden charakteristisch (Lombard et al. 2005; Burtner und Kennedy 2010; Freitas und de Magalhães 2011). Ein erheblicher Anteil des Genoms (mehrere Prozent bei Bakterien und Hefe) codieren für Proteine, die an der DNA-Reparatur beteiligt sind. Aufgrund der bedeutenden Rolle, die ihr bei der Alterung und der Entstehung von Krankheiten zugesprochen wird, wird als nächstes die DNA-Schadenstheorie der Alterung behandelt.

3.2 Die DNA-Schadenstheorie des Alterns

Die genomische DNA und die Weitergabe der genetischen Information an die nächste Generation von Zellen und Organismen sind der Schlüssel des Lebens. Während der Alterung von Säugerzellen häufen sich jedoch DNA-Schäden und -Mutationen an. Es wurde bereits erwähnt, dass die Mehrzahl der menschlichen Syndrome, die mit beschleunigter Alterung assoziiert sind (Progerien) durch Mutationen von Genen verursacht werden, die an der funktionellen Aufrechterhaltung und Integrität der Kern-DNA und der DNA-Reparatur beteiligt sind.

Die *DNA-Schadenstheorie der Alterung* ist bereits recht alt, ihre Kernthesen sind jedoch noch immer von großer Bedeutung und basieren auf überzeugenden wissenschaftlichen Grundlagen. Vereinfacht gesagt stellt die Theorie die These auf, dass der Schlüssel zu den funktionellen Veränderungen, die mit dem Altern assoziiert sind, die Anhäufung von DNA-Schäden über die (Lebens)zeit ist, die zu einem Ungleichgewicht der zellulären Homöostase führt (Szilard 1959). In dieser frühen Publikation wird ausgeführt: „Unsere Theorie nimmt an, dass der elementare Schritt im Prozess der Alterung ein „Treffer" (im engl. Original: *hit*) ist, der ein Chromosom einer somatischen Zelle in dem Sinn ,zerstört', dass er alle Gene auf dem Chromosom inaktiviert. Dabei muss der Treffer das Chromosom nicht in physikalischem Sinn zerstören. Wir gehen davon aus, dass diese Treffer zufällige Ereignisse sind und dass ihre Wahrscheinlichkeit pro Zeiteinheit während des Lebens konstant bleibt. Wir gehen weiter davon aus, dass die Rate, mit der die Chromosomen somatischer Zellen solche Treffer erleiden, charakteristisch für die jeweilige Spezies ist und zwischen den Individuen nicht nennenswert variiert. Als Resultat eines derartigen Alterungsprozesses nimmt die Anzahl der somatischen Zellen eines Organismus, die in einem bestimmten Alter ,überlebt' haben (in dem Sinne, dass sie fähig sind, ihre Funktion zu erfüllen), mit dem Alter ab. Auf der Grundlage unserer Annahmen … verringert sich die ,überlebende' Fraktion somatischer Zellen mit dem Alter mit zunehmender Geschwindigkeit" (Szilard 1959). Was Leo Szilard als „*hit*" tituliert, könnte die DNA-Schäden bezeichnen, wie sie durch UV-Licht oder ionisierende Strahlung verursacht werden. Später wurde die Annahme, dass die Schädigung der DNA – ein Ereignis, das sich von einer spezifischen Mutation der DNA unterscheidet – die primäre Ursache der Alterung ist, von P. Alexander (Alexander 1967) weiter ausgearbeitet, wie weiter unten skizziert wird.

In der Tat erfahren alle Biomoleküle eine direkte oder indirekte Schädigung, die zu strukturellen und funktionellen Veränderungen führt. Oxidativer Stress – die Bürde, die das Leben von Zellen und Organismen in Sauerstoff-Atmosphäre mit sich bringt – kann aufgrund der hohen chemischen Reaktivität freier Sauerstoffradikale strukturelle Veränderungen in Biomolekülen verursachen. Im Unterschied zu Lipiden und Proteinen ist bei der DNA kein genereller Austausch oder konstanter *Turnover* möglich: (1) Proteine üben in ihrer korrekten dreidimensionalen Struktur komplexe Funktionen aus, haben aber eine bestimmte Halbwertheit. Wenn Proteine chemisch modifiziert werden, kann es zum Verlust der Konformation und Funktion kommen. Eine häufig vorkommende chemische Modifikation ist die Oxidation von Aminosäureseitenketten, die zu strukturellen Änderungen im Protein führen. Die Zelle nutzt dann Proteinabbauprozesse, die später genauer erläutert werden. (2) Oxidierte Lipide können durch enzymatische Systeme recycelt werden und der zelluläre Stoffwechsel ist nahezu ständig mit der Synthese und der Degradation von Fettsäuren befasst, letztere zum Energiegewinn. Im Hinblick auf Proteine und Lipide findet also im Fall chemischer Modifikationen, die zu strukturellen Änderungen und Fehlfunktionen führen, ein aktiver und fortwährender Austausch statt, der zudem von den Stoffwechselforderungen der einzelnen Zelle abhängt. Generell ist das sog. Metabolom, das die Gesamtheit metabolisch aktiver Biomoleküle beschreibt, extrem flexibel und zeigt einen hohen Grad an Plastizität. (3) Die nukleäre DNA andererseits, die die genomische Information bereithält, ist während des gesamten Lebenszyklus einer Zelle vorhanden und im Idealfall unverändert und muss sich daher gegen chemische Modifikationen, wie sie durch akuten und chronischen oxidativen Stress oder Strahlung induziert werden, dauerhaft verteidigen. Wie in der Diskussion des Zellzyklus ausgeführt wurde, werden Zellen an weiteren Teilungen gehindert, wenn der DNA-Schaden zu groß ist. Wenn die Transkription von Genen und ihre Funktion beeinträchtigt ist, kann dies den Zellzyklus anhalten und/oder zum Zelltod führen, oder aber zum Verlust der Genexpression und einer gestörten intrazellulären Homöostase, wenn der Schaden bestehen bleibt. Als Teil des Bestrebens der Zelle, die Integrität ihres Genoms zu erhalten, sind jedoch äußerst effektive DNA-Reparaturmechanismen aktiv, für deren mechanistische Beschreibung Tomas Lindahl, Paul Modrich und Aziz Sancar 2015 den Nobelpreis für Chemie zugesprochen bekamen.

Selbstredend sind Veränderungen der DNA, wie sie durch Mutationen eingeführt werden, entscheidend für den Evolutionsprozess. Ohne eine Veränderung der genomischen DNA gibt es keine veränderte Proteinfunktion, die von evolutionärem Vorteil sein und zu einer positiven (oder im umgekehrten Fall zu einer negativen) Selektion des gesamten Organismus führen kann. Mutationen der DNA bestehen aus der Deletion, der Insertion, dem Austausch oder dem Rearrangement von Basenpaaren, die allesamt zu einer veränderten mRNA durch die Transkription und einem veränderten Protein durch den Translationsprozess führen. DNA-Mutationen betreffen also die Information, die in der DNA fixiert ist. Im Gegensatz dazu beschreibt DNA-Schädigung oder -Schaden eine physikalisch veränderte und/oder chemisch modifizierte DNA-Struktur. Obwohl sie zusammenhängen, sind DNA-Schädigung und DNA-Mutation verschiedene Dinge; DNA-Schädigung ist häufig die Basis für Mutationen, da sie während der DNA-Synthese Fehler verursachen kann. Die bekannten Arten von DNA-Schäden sollen hier kurz zusammengefasst werden. Zuvor sollte erwähnt werden, dass der Schwerpunkt hierbei auf der Schädigung (und der Reparatur) der Kern-DNA liegt. Gleichwohl wird die Schädigung der zirkulären DNA der Mitochondrien ebenfalls als wichtiger Regulator des Alterns diskutiert. In der Tat ist die mitochondriale DNA, verglichen mit der genomischen DNA im Kern, potenziell in weit stärkerem Maß von Oxidationen betroffen, da die mitochondriale Atmungskette freie Sauerstoffradikale generiert. Dazu können die Mitochondrien nicht auf das umfangreiche Portfolio an DNA-Reparaturmechanismen zurückgreifen, die dem Kern zur Verfügung stehen (s. u.), sodass die Mutationsfrequenz der mitochondrialen DNA hoch ist (Cline 2012; Gredilla et al. 2012). Darüber hinaus unterscheidet sich ihre Verpackungsweise von der nukleärer DNA, die auf der direkten Interaktion von Histonproteinen mit der DNA beruht. Andererseits codiert die mitochondriale DNA für nur 37 Gene, was den möglichen Einfluss ihrer Schädigung im Vergleich zur genomischen DNA im Kern limitiert.

Schadenstypen der Kern-DNA Interessanterweise ist die Schädigung der DNA in Säugerzellen kein seltenes Ereignis, sondern ereignet sich dauernd. Für Mäuse wurde geschätzt, dass sich jede Stunde in jeder Zelle mehr als 1000 Läsionen ereignen (Vilenchik und Knudson 2000), eine Zahl, die sich auf den Menschen übertragen lässt. Wie von zwei Pionieren des Forschungsfelds konstatiert wurde, „scheint die Schädigung der DNA in der biologischen Welt allgegenwärtig zu sein, nach der Vielfalt von Organismen zu urteilen, die DNA-Reparatursysteme entwickelt haben" (Gensler und Bernstein 1981). Die Quellen der DNA-Schädigung können exogenen wie endogenen Ursprungs sein. Unter den externen Agenzien sind die wichtigsten UV-Licht, ionisierende Strahlung (kosmische, Gamma-, Röntgenstrahlung), mutagene Chemikalien und virale Infektionen. Intrinsische Schädigung kann aufgrund spontaner chemischer Reaktionen erfolgen, wird jedoch hauptsächlich durch Nebenprodukte des Stoffwechsels wie reaktive Sauerstoffspezies aus den Mitochondrien hervorgerufen. Jedes Agens verursacht eine typische Art von Schaden, teilweise auch mehrere gleichzeitig (Abb. 3.3). Aufgrund der komplexen Struktur der DNA und ihrer Bausteine, der Purin- und Pyrimidinbasen und des Phosphodiester-Rückgrats, ist die Schädigung der DNA polymorph. Die häufigsten Arten, die aus zellulären Prozessen resultieren, sind Oxidation, Alkylierung (meist Methylierung), Desaminierung und der Verlust (Depurinierung, Depyrimidierung) von Basen. Unter den DNA-Schäden, die von außen verursacht werden, stellen die Bildung von Cytosin- und Thymindimeren durch UV B-Licht und Doppelstrangbrüche, die durch ionisierende Strahlung hervorgerufen werden, die wichtigsten Typen dar. Einzelstrangbrüche, die von der Anzahl her überwiegen, werden durch verschiedene Agenzien hervorgerufen. Umweltgifte können ebenfalls unterschiedliche Arten von DNA-Schäden generieren. Ein hochrelevantes Beispiel für ein solches Agens, das die zelluläre DNA schädigt, ist Zigarettenrauch, der eine komplexe Mischung von Chemikalien mit genotoxischen (also DNA-schädigenden) Lungenkarzinogenen darstellt. Die wichtigste Wirkungsweise von Karzinogenen aus dem Zigarettenrauch ist die Induktion von DNA-Addukten (Hecht 2012). Die Konsequenzen der strukturellen Veränderungen der DNA sind offensichtlich und beinhalten Probleme bei der Replikation sowie Transkription und die Manifestation von Mutationen. Die nichtenzymatische Methylierung der DNA-Basen, die Stickstoff enthalten, erzeugt Nukleotide, die häufig falsche Basenpaarungen eingehen. So paart O-6-Methylguanin eher mit Thymin als mit dem eigentlichen Bindungspartner von Guanin, dem Cytosin, was in einer GC-zu-AT-Transition bei der DNA-Replikation resultiert.

Reparatur der Kern-DNA   Das Leistungsvermögen und die Bedeutsamkeit der DNA-Reparaturmechanismen wird in dem Ausspruch „mutation is rare because of repair" („Mutationen sind selten, weil sie repariert werden"; Quelle nicht bekannt) deutlich. Mutationen sind Veränderungen in der DNA-Sequenz (oft als Ergebnis eines DNA-Schadens), die den DNA-Reparaturmechanismen erfolgreich entkommen sind. Es gibt unterschiedliche Mechanismen und Wege, wie eine Zelle einen DNA-Schaden, den sie erkannt hat, beheben kann. Hier sollen nur die drei Reparaturmechanismen beschrieben werden, für die ein Zusammenhang mit dem Alterungsprozess aufgezeigt wurde: die Basenexzisionsreparatur (*base excision repair*, BER), die Nukleotidexzisionsreparatur (*nucleotide excision repair*, NER) und die

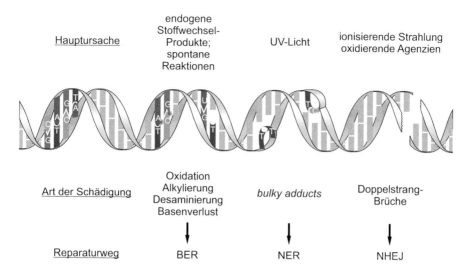

Abb. 3.3 Ausgewählte Ursachen und Arten der DNA-Schädigung. Verschiedene endogene und exogene Quellen verursachen permanent unterschiedliche Arten von DNA-Schäden, die durch entsprechende DNA-Reparaturmechanismen behoben werden können (*BER* Basenexzisionsreparatur, *NER* Nukleotidexzisionsreparatur, *NHEJ* nichthomologes *End-Joining*; mod. nach Hoeijmakers 2001)

Reparatur von Doppelstrangbrüchen durch den Prozess des nichthomologen *End-Joining* (*non-homologous end joining*, NHEJ). Für einen detaillierten Überblick über alle bislang bekannten DNA-Reparaturtypen einschließlich der Reparatur von Basenfehlpaarungen (*mismatch repair*), von Einzelstrangbrüchen, und der Reparatur durch homologe Rekombination wird der Leser auf Lehrbücher oder Reviews zu diesem Thema verwiesen (Alberts et al. 2014; Branzei und Foiani 2008; Freitas und de Magalhães 2011; Kim und Wilson 2012; Curtin 2012). Außer der Relevanz von DNA-Reparaturdefekten bei der Tumorentwicklung (Curtin 2012) wird zunehmend auch eine Rolle einer beeinträchtigten DNA-Reparatur für neurodegenerative Krankheiten diskutiert (Cleaver et al. 2009; Jeppesen et al. 2011).

Es gibt zwei Formen der Basenexzisionsreparatur (Abb. 3.4): *Short patch*-BER, bei der nur ein einzelnes Nukleotid ersetzt wird, und *Long patch*-BER, bei der 2–13 Nukleotide ausgeschnitten und ersetzt werden (Krokan und Bjørås 2013). Dieser Typ der DNA-Reparatur scheint von besonderer Bedeutung für das Nervensystem und das Gehirn zu sein und wurde mit der Pathologie altersassoziierter neurodegenerativer Erkrankungen in Zusammenhang gebracht (Sykora et al. 2013). Das Gehirn zeichnet sich durch eine hohe Stoffwechselaktivität aus, die strikt vom Sauerstoffverbrauch abhängt; der oxidative Stress ist daher hoch. Nervengewebe ist gegenüber Oxidation hochvulnerabel und die BER ist der Hauptweg, DNA-Schäden, die durch oxidativen Stress verursacht wurden, zu beheben. Sie bleibt in Neuronen, die postmitotisch sind, stabil und funktionell. Was den Zusammenhang mit der Alterung betrifft, sind die Evidenzen für eine Beteiligung der BER teilwei-

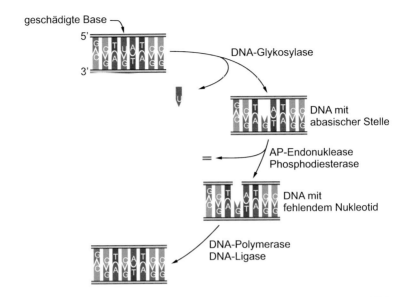

Abb. 3.4 Basenexzisionsreparatur, BER. Bei der BER entfernt das Enzym DNA-Glykosylase ausschließlich die geschädigte Base, die anschließend durch eine Abfolge enzymatischer Aktivitäten ersetzt wird. Gezeigt ist die Reparatur von desaminiertem Cytosin (*C*), das der Base Uracil (*U*) entspricht, die normalerweise in RNA verwendet wird und in DNA zur Fehlpaarung führt. (Mod. nach Alberts et al. 2007)

se widersprüchlich. Während in verschiedenen Geweben eine generelle Reduktion der BER-Aktivität beobachtet wurde (Xu et al. 2008), gibt es auch Berichte über eine höhere Expression von Enzymen, die an der BER beteiligt sind, im Zuge des Alterns (Lu et al. 2004). In Mäusen, denen das Gen für Sirtuin 6 fehlt und die daher einen stark beschleunigten Verlauf der Alterung zeigen, wurden genomische Instabilität und Defekte in der BER beschrieben (Mostoslavsky et al. 2006). Sirtuin 6 ist ein Enzym (genauer, eine Histondeacetylase und Mono-ADP-Ribosyltransferase, s. u.), das stressresponsiv ist und mehrere Signalwege beeinflusst, die mit der Alterung in Zusammenhang stehen: die DNA-Reparatur und die Aufrechterhaltung der Telomere, den zellulären Metabolismus und die Inflammation (Beauharnois et al. 2013).

Auch von der Nukleotidexzisionsreparatur (Abb. 3.5) gibt es zwei Formen, die im gesamten Genom aktiv bzw. an die Transkription gekoppelt sind. Dabei sind die Mechanismen der DNA-Schadenserkennung verschieden und es sind unterschiedliche Proteine an den spezifischen Teilen des Prozesses beteiligt. Ist der DNA-Schaden erkannt, konvergieren die beiden Subformen hinsichtlich des beidseitigen Schneidens, der Reparatur und schließlich der Ligation. Die NER ist in der Lage, mehrere Arten von DNA-Läsionen, die durch äußere Stimuli verursacht werden, zu erkennen. Während die *Global genome-NER* (wie der Name sagt) im gesamten Genom aktiv ist, findet die transkriptionsgekoppelte (*transcription coupled*) NER nur in transkriptionell aktiven Genen statt (Kamileri et al. 2012; Curtin 2012).

Starke Evidenzen für einen Zusammenhang zwischen der NER und dem Altern kommen von Untersuchungen, die zeigen, dass Defekte in unterschiedlichen Enzymen, die zur NER-Maschinerie gehören, bedeutende Progerien beim Menschen, nämlich *Xeroderma pigmentosum*, das Cockayne-Syndrom und Trichothiodystrophie verursachen. Darüber hinaus resultieren im Mausmodell viele Mutationen in Genen, die an der NER beteiligt sind, in einem beschleunigten Alterungsprozess (Niedernhofer 2008; Lehmann et al. 2011). Die Untersuchung der altersabhängigen NER-Aktivität mit dem Fokus auf UV-induzierter DNA-Schädigung erbrachte widersprüchliche Ergebnisse; es wurde sowohl eine altersassoziierte Zunahme wie auch Abnahme der NER-Aktivität aufgezeigt (Freitas und de Magalhães 2011).

Der dritte DNA-Reparaturmechanismus, für den Zusammenhänge mit der Alterung beschrieben sind, ist das nichthomologe *End Joining* (NHEJ; Abb. 3.6), der vorherrschende Weg in der Zelle, DNA-Doppelstrangbrüche zu reparieren. NHEJ ist während des gesamten Zellzyklus aktiv (Lieber et al. 2003, Lieber 2010). Der Name ist der Tatsache geschuldet, dass zum einen die Enden des DNA-Strangbruchs direkt ligiert werden und dass zum anderen keine Vorlage in Form des homologen DNA-Strangs (Schwesterchromatide) benötigt wird wie dies bei der Reparatur mithilfe homologer Rekombination der Fall ist (Moore und Haber 1996). Der Prozess des NHEJ kann in drei grundsätzliche Schritte unterteilt werden: Für die Bindung der Strangenden an der Bruchstelle und ihr „Festhalten" (*tethering*) ist das sog. KU-Proteinheterodimer essenziell; im nächsten Schritt, dem *„end processing"*, werden geschädigte oder fehlgepaarte Nukleotide durch Nukleasen entfernt und die Lücken durch das Enzym DNA-Polymerase wieder gefüllt; zuletzt entfaltet die DNA-Ligase ihre Aktivität und führt die Ligation der DNA aus.

Der NHEJ-Reparaturprozess ist evolutionär hochkonserviert. Er ist für gewöhnlich unpräzise, was konsequenterweise zur Diversifizierung von Genen führt. Die mangelnde Genauigkeit und die resultierenden genetischen Veränderungen werden für die Entwicklung von Tumoren und das Altern mitverantwortlich gemacht (Lieber et al. 2003, Lieber 2010). Für die sog. VDJ-Rekombination, an der NHEJ beteiligt ist, ist sie hingegen von Vorteil, da sie die Diversität von B-Zell- und T-Zell-Rezeptoren maximiert. Sowohl für die Alzheimer-Krankheit als auch die normale Alterung des Menschen wurde ein Abfall in den KU-Proteinkomplexspiegeln beschrieben (Kanungo 2013). Darüber hinaus legen mehrere *Knock out*-Mausmodelle mit Defizienzen in unterschiedlichen KU-Genen einen Effekt des KU-Komplexes auf die Alterung nahe (Freitas und de Magalhães 2011). In den Nervenzellen alter Ratten akkumulieren DNA-Doppelstrangbrüche und die Aktivität des NHEJ nimmt ab (Vyjayanti und Rao 2006; Rao 2007).

Das Interesse, die Effizienz von DNA-Reparatur- und Stressabwehrsystemen in der ständig wachsenden Population sehr (über 100 Jahre) alter Menschen zu untersuchen, ist offensichtlich. In der Tat wurde von Chevanne und Kollegen die Reparatur von DNA-Strangbrüchen in Lymphozyten von jungen, alten und sehr alten Menschen verglichen, nachdem die kultivierten Zellen oxidativem Stress ausgesetzt worden waren. Die Studie zeigte, dass die Reparatur in den Lymphozyten der Hundertjährigen ebenso effektiv war wie in den Zellen junger Individuen. In den Proben der Hundertjährigen wurden u. a. erhöhte Spiegel des KU-Proteins (KU 70)

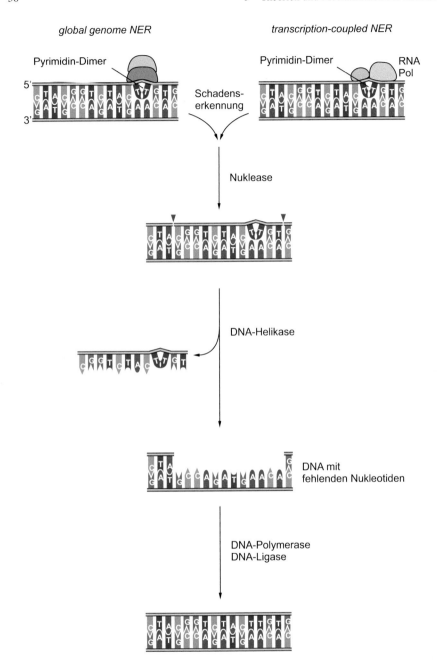

Abb. 3.5 Nukleotidexzisionsreparatur, NER. Man kennt zwei Formen der NER, die *Global genome*-NER und die NER, die an den Prozess der Transkription gekoppelt ist. Nach der Schadenserkennung entfernen Nukleasen im Unterschied zur BER einen ganzen Abschnitt des geschädigten DNA-Strangs; die Lücke wird dann durch die Aktivität der DNA-Polymerase und der DNA-Ligase wieder aufgefüllt. (Mod. nach Alberts et al. 2007)

Abb. 3.6 Nichthomologes
***End Joining*, NHEJ.** DNA-
Doppelstrangbrüche werden
mithilfe der KU-Proteine
und weiterer Faktoren be-
hoben, die die Strangenden
vorübergehend „versiegeln"
und enzymatische Aktivitäten (Nuklease, Polymerase,
Ligase) rekrutieren, die die
Basen an der Bruchstelle
entfernen und wieder einen
Doppelstrang herstellen.
Diese Prozesse sind auf mechanistischer Ebene flexibel
und führen zu unterschiedlichen Resultaten hinsichtlich
der DNA-Sequenz, von denen
eine Option hier gezeigt ist
(Mod. nach Lieber 2010 und
MIGL: A database dedicated
to understanding the Me-
chanisms of Intron Gain and
Loss, University of Pittsburgh
2012)

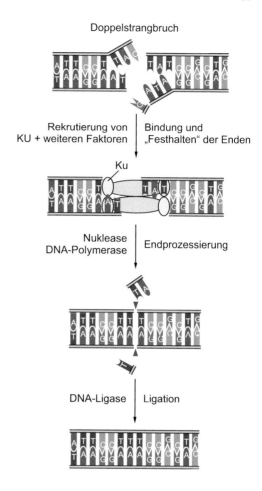

detektiert (Chevanne et al. 2007). In einer ähnlichen Studie wurden die Lymphozyten von Menschen unterschiedlicher Altersgruppen (20–35, 63–70, 75–82 Jahre)
analysiert und wiederum die Resistenz der DNA gegen durch oxidativen Stress
induzierte Schäden und die Reparaturaktivität gemessen. Die Ergebnisse waren
hochinteressant: Die Wissenschaftler fanden in der Gruppe mit dem höchsten Alter eine Zunahme an oxidativen Schäden, die aber nicht von einer verminderten
antioxidativen Abwehr oder DNA-Reparatur herrührten; beide nahmen mit dem
Alter ebenfalls zu. Die Resultate legen die Möglichkeit nahe, dass die DNA-Reparatur ebenso wie die antioxidativen Abwehrsysteme im Alter als Konsequenz
(zur Kompensation) einer zunehmenden altersassoziierten „Herausforderung" induziert werden. Alternativ, konstatieren die Autoren „ist es genauso möglich, dass
die älteren Menschen [...] früher in ihrem Leben relativ hohe Level antioxidati-
ver Abwehr und DNA-Reparatur aufwiesen im Vergleich mit denen, die nicht bis
zu solch einem Alter überlebt haben" (Humphreys et al. 2007). Die „Überlebenden" könnten sich also an die wachsenden Probleme durch die Hochregulation von

Abwehr- und Reparatursystemen angepasst haben. So interessant diese Resultate sind, sind die Daten bislang nur korrelativ und es ist wichtig, auch die Genetik, den Stoffwechsel und die grundlegende Zellbiologie sehr alter Menschen zu analysieren. Auf der Suche nach der genetischen Basis für ein langes Leben in Gesundheit werden eine Vielzahl verschiedener Studien über Genassoziationen und sog. *single nucleotide polymorphisms* (SNP) durchgeführt. Genomweite Assoziationsstudien bei altersassoziierten Erkrankungen ergaben kürzlich ein großes Spektrum an Genen, die mögliche Suszeptibilitätsfaktoren darstellen (Jeck et al. 2012). Auch beim Blick auf die unterschiedlichen Gene, die beim Menschen mit Langlebigkeit in Verbindung gebracht werden können, scheint es, dass viele verschiedene Faktoren und Bedingungen ihren Beitrag leisten. In einer Metaanalyse, die unterschiedliche genetische Studien zu Lebensdauer und gesundem Altern evaluiert hat, stellen die Autoren fest (Murabito et al. 2012): „Der genetische Beitrag zu Langlebigkeit und Alterung des Menschen resultiert wahrscheinlich aus vielen Genen, von denen jedes einen mäßigen Effekt hat. Manche Gene beeinflussen die Lebensdauer, indem sie die Suszeptibilität für altersbedingte Erkrankungen und einen frühen Tod erhöhen, während andere den Alterungsprozess selbst verlangsamen und so zu einem langen Leben führen. Wie genetische Faktoren und ihre Wechselwirkung mit veränderbaren Verhaltens- und Umweltfaktoren zur Lebensdauer beitragen, bleibt unklar."

Bei der Betrachtung der DNA-Reparaturmechanismen und ihrer Regulation ist zu bemerken, dass die tatsächliche Geschwindigkeit und Effizienz der DNA-Reparatur vom zellulären Status (mitotisch oder postmitotisch), dem Alter der Zelle und von äußeren und inneren (metabolischen) Faktoren abhängt. Und auch bei einer effektiven Reparatur ist es möglich, dass ein gewisser DNA-Schaden bestehen bleibt und mit der Zeit akkumuliert, ein Fakt, der in postmitotischen Zellen wie Neuronen oder Herzmuskelzellen stärker zu Buche schlägt. Wir haben gelernt, dass generell DNA-Läsionen eher häufige als seltene Ereignisse sind und die Reparatursysteme effizient, am Ende aber nicht effizient genug, arbeiten. Was geschieht nun mit Zellen, die ein gewisses Maß an DNA-Schäden akkumuliert haben? Diese können mit drei potenziellen Szenarien konfrontiert werden: (1) Sie werden aus dem Zellzyklus entfernt und dem programmierten Zelltod (Apoptose) zugeführt; (2) sie entgehen den Kontrollsystemen, teilen sich unkontrolliert und bilden letztendlich Tumoren, (3) sie treten in den Zustand der Seneszenz ein, bleiben aber metabolisch aktiv, und gehen später in die Apoptose oder werden durch das Immunsystem entfernt (Abb. 3.7).

Zusammengefasst, geht die DNA-Schadenstheorie der Alterung davon aus, dass Altern durch sich natürlich ereignende DNA-Schäden und -Läsionen verursacht wird, die nicht repariert werden und daher im Lauf der Zeit akkumulieren. Eine Schädigung der Kern-DNA kann entweder indirekt – durch die Induktion von Apoptose oder Seneszenz – oder direkt – durch das Hervorrufen von Fehlfunktionen in Zellen und Organen – zur Alterung beitragen. Wenn man bedenkt, dass DNA-Läsionen häufige Ereignisse sind, ist die DNA-Schadenstheorie der Alterung absolut schlüssig und die Idee, dass die Akkumulation von DNA-Schäden über die (Lebens)zeit den Alterungsprozess antreibt, durchweg sinnig. Andererseits, wie wir noch sehen werden, gibt es eine Reihe weiterer Mechanismen und Schlüsselkompo-

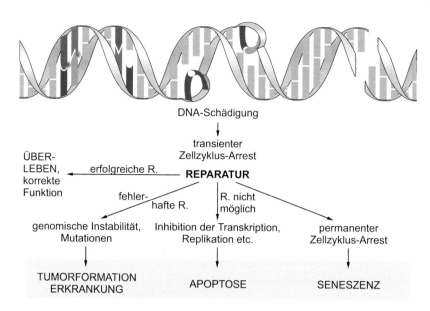

Abb. 3.7 Konsequenzen der DNA-Schädigung auf zellulärer Ebene. Die Konsequenz aus einer Schädigung der Kern-DNA hängt in hohem Maß von der Effizienz der DNA-Reparatur (R.) ab: Wird der Schaden erfolgreich behoben, kann die Zelle ihre korrekte Funktion ausüben und wieder in den Zellzyklus eintreten; ist die Reparatur nicht ausreichend, können Tumorbildung, Apoptose oder Seneszenz die Folge sein

nenten, die Alterung in Zellen und Modellorganismen induzieren können, die völlig unabhängig von DNA-Schäden sind. Natürlich wird die Evolution der Arten durch genetische Variation getrieben, aber nachdem eine Mutation sich durchgesetzt hat, ist genetische Stabilität von immenser Wichtigkeit. Allein der Prozess der DNA-Replikation ist hochkomplex und involviert eine Vielzahl von Komponenten, die genau reguliert werden. Der Großteil der zufällig vorkommenden DNA-Läsionen, die beispielsweise durch Stoffwechselprodukte, Strahlung oder Umwelttoxine hervorgerufen werden, wird nicht manifest, da er sofort durch Enzyme, die zum DNA-Reparatursystem gehören, behoben wird (Alberts et al. 2014; Germann et al. 2012; Casorelli et al. 2012; Jena 2012; Yi und He 2013). Was man bei der näheren Betrachtung von Progeriesyndromen und des Alterungsprozesses lernen kann, ist, dass einzelne Genmutationen in der Tat die Ursache für eine beschleunigte Alterung und ein erhöhtes Vorkommen altersbedingter Krankheiten sein und zu einer verkürzten individuellen Lebensdauer (z. B. durch Krebs) führen können. Allerdings sind die nachgeschalteten Effekte solcher Einzelmutationen vielfältig und man nimmt an, dass (1) die normale (physiologische) Alterung des Menschen ein multifaktorieller Prozess ist und wir permanent durch eine Vielzahl verschiedener endogener und exogener Signale beeinflusst werden; und (2) die Aufrechterhaltung des Genoms eine Schlüsselkompetenz der Zelle darstellt, die letztendlich zwischen Leben und Tod entscheidet.

So wie eine reduzierte Genomstabilität als Ursache einer beschleunigten Alterung beim Menschen identifiziert werden konnte (s. Progeriesyndrome), gibt es auch einzelne Gene und definierte Signalwege, die für eine erhöhte Stabilität des Genoms verantwortlich sind, was zu einer verlangsamten Alterung und einer Verlängerung der Lebensspanne, zumindest in Modellorganismen, führt. Die Proteinfamilie der Sirtuine ist in der Lage, einen solchen genomstabilisierenden Effekt in Hefe und Nematoden zu vermitteln (Howitz et al. 2003). Unser Fokus wird sich daher jetzt auf definierte Gene richten, die die Stabilität des Genoms und die Lebensdauer beeinflussen.

3.3 Die Sirtuine – große Hoffnung oder große Enttäuschung?

Die Sirtuine umfassen eine ganze Gruppe von Genen und die Familie der Sirtuinproteine besteht in Säugern aus sieben Mitgliedern. Im Kontext der Alterung wurde Sirtuin 2 (Sir2) ursprünglich in Hefe beschrieben (Howitz et al. 2003), wobei *Sir* für „*silent mating type information regulator*" steht. Das Säugerhomolog von Sir2 wird als SIRT1 bezeichnet. Funktionell wurde das Protein Sir2 als Histondeacetylase identifiziert. Histone sind Kernproteine, die insgesamt positiv geladen sind, was der DNA, die viele negative Ladungen aufweist, ermöglicht, diese eng zu umwickeln. Biochemisch wird diese enge Verbindung durch elektrostatische Wechselwirkungen zwischen der DNA und den Histonen erreicht. Die positiven Ladungen der Histonproteine werden durch positiv geladene Aminosäurereste (wie Arginin oder Lysin; Details s. Alberts et al. 2014) hervorgerufen. Durch enzymatische Acetylierung, die Addition von Acetylsäure(Essigsäure)-Resten, werden die positiven Ladungen neutralisiert und die Histon-DNA-Packung lockert sich. Die Umkehrung dieser chemischen Reaktion, d. h. die Entfernung der Acetylgruppen, heißt Deacetylierung. Als Folge davon wird die Packung von Histonen und DNA wieder sehr dicht. Acetylierung und Deacetylierung der Histone beeinflussen also ganz offensichtlich das Ausmaß der Chromatinverpackung und daher DNA-basierte Prozesse wie Replikation und Transkription. Im Zusammenspiel mit den anderen Mitgliedern der Sirtuinfamilie ist die Aktivität von Sir2 nicht auf DNA-Deacetylierung beschränkt, sondern die Enzyme zielen zudem auf eine breite Palette zellulärer Proteine in Kern, Zytoplasma und Mitochondrien ab, die posttranslational durch Acetylierung (SIRT1, 2, 3, und 5) oder Ribosylierung (die chemische Addition von ADP-Ribose) modifiziert werden (SIRT4 und 6; Guarente 2011; Morita et al. 2012; Carafa et al. 2012).

Molekulare Wirkungsweise von Sir2/SIRT1 Sir2 als wichtige Histondeacetylase ist eines einer ganzen Gruppe von Proteinen, die das „*gene silencing*", also die temporäre Inaktivierung der Transkription, durch die Modulation des DNA-Verpackungsgrads vermitteln, und kann als Stabilisator des Genoms bezeichnet werden. Bemerkenswerterweise wurde experimentell beobachtet, dass die Aktivität von Sir2 die Lebensdauer von Modellorganismen wie Hefe (*S. cerevisiae*) und *C. elegans* verlängern kann. In beiden Organismen führen erhöhte Spiegel an Sir2, die in diesen Modellen durch genetische Manipulation recht einfach induziert werden können, zu einer längeren Lebensdauer. Die Aktivität der Sirtuine ist von den intrazellulären Spiegeln an Nikotinamid-Adenin-Dinukleotid (NAD) abhängig; Sirtuine sind daher NAD-abhängige Proteindeacetylasen. NAD (korrekterweise: NAD^+) ist ein wichtiges Koenzym für viele verschiedene enzymatische Reaktionen des Zellstoffwechsels. Abgesehen von seiner Rolle bei Redoxreaktionen ist es auch ein Donor von ADP-Ribose-Einheiten im Prozess der ADP-Ribosylierung (Alberts et al. 2014). Im Verlauf des Energiestoffwechsels wird NAD^+ in NADH umgewandelt, das als sog. Reduktionsäquivalent letztlich Protonen (H^+) an die Atmungskette an der inneren Mitochondrienmembran liefert. Dort kann auf Grundlage des auflaufenden Protonengradienten die ATP-Synthese erfolgen. In einfachen Worten: Ist das zelluläre Energieniveau hoch, ist NADH in großer Menge vorhanden und die mitochondriale Maschinerie erzeugt in hohem Maß ATP als die Energiewährung der Zelle. Unter beschränkteren Nährstoff- und Energiebedingungen (kalorische Restriktion, s. u.) ist hingegen mehr NAD^+ vorhanden, was die Reaktion der Sirtuine mit NAD^+ ermöglicht und die Sirtuinaktivität induziert (Abb. 3.8). Die Aktivität der Sirtuine ist also abhängig vom gegenwärtigen Energiestatus der Zelle und die Sirtuine (wobei hier hauptsächlich von SIRT1 in Säugern die Rede ist) verknüpfen genomische Stabilität, Energieniveau und Lebensdauer einer Zelle auf mechanistischer Ebene. Infolge der ersten Schlüsselresultate zu Sir2 (Howitz et al. 2003) wuchs das Forschungsfeld exponentiell. Die wissenschaftliche Aufmerksamkeit und Aufregung war enorm; es schien, als sei mit den Sirtuinen der erste eindeutige molekulare Schalter entdeckt worden, der in der Lage sei, direkt die Lebensdauer zu regulieren. Man glaubte, es sei nicht länger Science-Fiction, niedermolekulare Substanzen zu finden, die durch ihre Wirkung auf die Sirtuine das Leben verlängern könnten. Zudem war mit dieser Entdeckung ein molekulares Korrelat identifiziert, das erklären konnte, warum kalorische Restriktion die Lebensdauer verlängern kann: nämlich via SIRT1.

Danach wurden die Funktionen der Sirtuine in vielen Geweben und Krankheitsmodellen untersucht. Über ihre wichtige Rolle bei der Alterung hinaus wurde hauptsächlich SIRT1 auch mit Krankheiten wie kardiovaskulären, Stoffwechsel- und neurodegenerativen Erkrankungen in Verbindung gebracht (Guarente 2011). Im Hinblick auf Neurodegeneration wurde der Schwerpunkt auf die Alzheimer-Krankheit (*Alzheimer's disease,* AD) gelegt, die wichtigste altersbedingte degenerative, verheerende und tödliche Erkrankung. Als ein wichtiger pathologischer Zielvorgang wurde die biochemische Prozessierung des Amyloidvorläuferproteins (*amyloid precursor protein,* APP) analysiert. Tatsächlich wurde festgestellt, dass in transgenen Mäusen, die SIRT1 überexprimierten, die Produktion und Ablagerung des potenziell toxischen APP-Spaltprodukts Aβ (Amyloid beta-Protein) verringert war (Donmez et al. 2010). Obwohl der endgültige experimentelle Beweis für die Amyloidhypothese im Menschen weiterhin aussteht, wird die Ablagerung von Aβ für das zentrale Ereignis gehalten, das AD auslöst, und sowohl von der akademischen Forschung als auch der pharmazeutischen Industrie seit Jahrzehnten verzweifelt verfolgt, wobei andere kausale Zusammenhänge der Pathogenese dieser

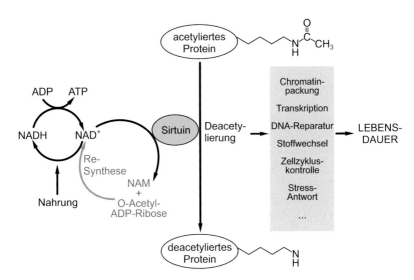

Abb. 3.8 Sirtuine und Energiezustand. Die Deacetylierung unterschiedlicher Zielproteine durch Sir2/SIRT1 zieht mehrere Konsequenzen nach sich, u. a. eine stärkere Histon-DNA-Interaktion und eine engere Chromatinpackung. Der Acetylierungs-/Deacetylierungszyklus beeinflusst zudem Transkription, DNA-Reparatur, Stoffwechsel, Zellzykluskontrolle, Stressantwort und, letztendlich, die Lebensdauer. Sirtuine sind NAD^+-abhängige Proteindeacetylasen und somit abhängig vom Energieniveau und dem Ernährungszustand der Zelle

multifaktoriellen neurodegenerativen Erkrankung häufig ignoriert werden (Dong et al. 2012; Tam und Pasternak 2012; Masters und Selkoe 2012; Behl 2012). Die Sirtuine wurden außerdem mit der Entwicklung von Tumoren in Zusammenhang gebracht, was u. a. auf der Beobachtung beruhte, dass Mäuse, denen SIRT3 fehlt (SIRT3-*knock out*-Mäuse), weitaus suszeptibler gegenüber Mammatumoren waren als Wildtyp-Mäuse (Kim et al. 2010). All diese positiven Effekte auf Schlüsselprozesse, die nicht nur mit der Alterung, sondern auch mit Krankheit verbunden sind, vor Augen, war es geradezu zwingend, nach Molekülen zu suchen, die die Sirtuinexpression spezifisch hochregulieren und als pharmazeutische Substanzen dienen können.

Stimulation von SIRT1 Der Schwerpunkt hinsichtlich Sirtuinaktivatoren wurde auf – idealerweise niedermolekulare – Substanzen gelegt, die SIRT1 stimulieren können. Eine hochinteressante und extrem attraktive chemische Struktur, die SIRT1 in einem speziellen Screeningprotokoll zu aktivieren in der Lage war, war Resveratrol (Howitz et al. 2003). Resveratrol ist ein Polyphenol, das drei Phenolringe aufweist. Sein Reiz beruht auf der Tatsache, dass Resveratrol im Extrakt von Weintrauben enthalten ist, was bereits in den 1970er Jahren beschrieben wurde. Vielversprechenderweise erhöhte Resveratrol im Hefezellmodell die DNA-Stabilität und verlängerte die Lebensdauer um bis zu 70 %, indem es Sir2 stimulierte (Howitz et al. 2003). Bezüglich der Aktivität von Polyphenolen muss jedoch noch ein anderer Aspekt erwähnt werden. Phenolische Substanzen wie α-Tocopherol (Vitamin E) und 17β-Östradiol (Östrogen) sind in höherer Konzentration starke Antioxidantien, die in der Lage sind, Zellen gegen oxidative Schäden und Apoptose zu schützen (Moosmann und Behl 1999). Auch binden diese Polyphenole, einschließlich Resveratrol, in geringen Konzentrationen an Östrogenrezeptoren, wie in *In vitro*-Ansätzen gezeigt wurde. Daher muss in Betracht gezogen werden, dass ein Teil der beschriebenen positiven Effekte von Resveratrol komplett unabhängig von der Stimulation von SIRT1 und auf andere Aktivitäten zurückzuführen sein könnte. Wenn man bedenkt, dass oxidativer Stress eine treibende Kraft für die Degeneration bestimmter Körperzellen (z. B. Neuronen) darstellt und in der Freie-Radikal-Theorie des Alterns (Harman 1956; s. Abschn. 3.6) als auslösendes Agens betrachtet wird, könnte der antioxidative Effekt bestimmter Stoffe von einiger Wichtigkeit sein, wenn es um potenzielle sog. *Anti Aging*-Mittel geht. Danach wurden auch chemisch andersartige Gruppen und effektivere Aktivatoren von SIRT1 identifiziert. Die These, dass Resveratrol die Lebensdauer von Modellorganismen durch einen definierten molekularen Mechanismus verlängern und die Effekte kalorischer Restriktion – was bedeutet, dass eine beschränkte Nahrungsaufnahme (weniger Kalorien) zu einem längeren Leben führt – nachstellen kann, hat Resveratrol und andere kleine Moleküle auch für die Anwendung beim Menschen hochattraktiv gemacht (Guarente 2011; Carafa et al. 2012; de Oliveira et al. 2012; Villalba et al. 2012; Villalba und Alcain 2012).

Sirtuine waren daher eine Zeit lang das ideale Zielobjekt für die Entwicklung und Anwendung von *Anti Aging*-Substanzen. Mittlerweile ist jedoch der Versuch, mithilfe der Sirtuine die Lebensdauer zu beeinflussen, in Zweifel gezogen worden oder wird zumindest intensiv und kontrovers diskutiert. Neuere Artikel sehen die Rolle der Sirtuine bei der Alterung äußerst kritisch (Couzin-Frankel 2011; Bourzac 2012). Was ist passiert?

Wie 2011 in *Science* dargelegt wurde, wurde die „Arbeit, die die Kontrolle über das Altern einer Handvoll Gene zuschrieb, von einigen der Wissenschaftler, die die ersten Entdeckungen gemacht hatten, auseinander genommen" (Couzin-Frankel 2011). Offensichtlich konnte ein Teil der experimentellen Arbeiten, die versucht hatten, die Lebensdauer in Fruchtfliegen und *C. elegans* zu verlängern, indem sie auf die Sirtuine abzielten, nicht reproduziert werden und die Möglichkeit, die Ergebnisse tatsächlich von Modellorganismen in Säugetiere und den Menschen zu übertragen, darf zumindest stark angezweifelt werden. Die Tatsache, dass die Wissenschaftler, die an den initialen Entdeckungen und der Entwicklung der Verknüpfung von Sirtuinen und Alterung beteiligt waren, jetzt gegen den jeweils anderen argumentieren, legt nahe, bei der Beurteilung der Rolle von Sirtuinen für die Alterung Vorsicht walten zu lassen. Das Sirtuinfeld ist derzeit stark polarisiert und „Sirtuine noch immer umstritten" (Bourzac 2012). Eine persönliche Anmerkung: Auch die Tatsache, dass das Thema *Anti Aging* ein Milliarden-Dollar-Markt ist und von Beginn an pharmazeutische Firmen, die zum Teil den beteiligten Wissenschaftlern gehören, involviert waren, könnte erklären, warum die Sirtuine als solch große Hoffnung gestartet sind und letztendlich doch eine große Enttäuschung sein könnten. Zuletzt wurde die Verbindung zwischen den Sirtuinen und der kalorischen Restriktion durch neue Daten gefestigt, die einen systematischen Einfluss der mit der Ernährungsweise verbundenen Sirtuinaktivität auf die Physiologie von Säugern zeigen konnten (Guarante 2013). Dennoch, so faszinierend die Vorstellung ist, dass das Altern von einer kleinen Gruppe von Genen oder sogar einem einzigen Gen kontrolliert wird, die oder das manipuliert werden könnte, muss noch einmal in Erinnerung gerufen werden, dass der Prozess der Alterung äußerst komplex ist und es aller Wahrscheinlichkeit nach keinen solchen „Hauptschalter" der Alterung gibt. Es ist jedoch – beim Blick auf die experimentellen Möglichkeiten, die Lebensdauer von Organismen zu verlängern – größtenteils akzeptiert, dass eine kontrollierte Drosselung der Ernährung und die verringerte Aktivität der entsprechenden Stoffwechselwege (z. B. des Insulinwegs) das Altern durch ähnliche Mechanismen verlangsamen, die in der Evolution konserviert sind (Fontana et al. 2010). Daher wollen wir mit der kalorischen Restriktion und ihrer Verbindung zum Altern in der Diskussion fortfahren.

3.4   Der Einfluss kalorischer Restriktion auf die Lebensdauer

Luigi Cornaro, ein italienischer Philosoph und Individualist, der von 1467 bis 1565 in Venedig lebte, reflektierte in einer Art autobiographischer Schrift, dem *Discorsi della vita sobria* („Vom mäßigen Leben") im Alter von 83 Jahren, warum er eigentlich so alt geworden sei. Er mutmaßte, sein für die damaligen Verhältnisse hohes Alter und seine gute Gesundheit seien die Konsequenz einer strengen Diät. Es ist überliefert, dass Cornaro nur das notwendige Minimum an Nahrung zu sich nahm und diese stets sehr sorgfältig auswählte (Cornaro 1903, in übersetzter Form publiziert). Er starb schließlich im Alter von fast 100 Jahren, was für die Epoche der Renaissance außergewöhnlich war. In der Literatur des letzten Jahrhunderts wurde eine Verbindung des generellen Konzepts einer veränderten Ernährung, was im Wesentlichen eine reduzierte, diätische Nährstoffaufnahme meint, mit dem Erreichen eines hohen Alters bereits in den 1930er Jahren von dem Gerontologen und Ernährungswissenschaftler Clive McCay vermutet (McCay 1933). Er wies zum ersten Mal darauf hin, dass eine 30%ige Reduktion der Nahrungsaufnahme eine Verlängerung der Lebensdauer ohne negative Effekte auf den allgemeinen Ernährungszustand (Mangelernährung) ermöglicht, indem er Nagetiere als Modell heranzog. Während eine Vielzahl nachfolgender Studien in der Tat eine Verlängerung der Lebensspanne durch sog. kalorische Restriktion auch in anderen Spezies, u. a. Fadenwürmern (*C. elegans*) und Fruchtfliegen (*D. melanogaster*) bestätigten, wurde offensichtlich, dass eine reduzierte Kalorienaufnahme mit der Zeit auch altersbedingten Dysfunktionen und Krankheiten wie Krebs und Diabetes in Mäusen vorbeugte (Fontana et al. 2010). Darauf basierend kann behauptet werden, dass die Lebensverlängerung mit großer Wahrscheinlichkeit ein Resultat einer verringerten Krankheitsinzidenz und reduzierter krankheitsbedingter Veränderungen war, die die Abläufe auf Zell- und Organebene beeinflussen und zum Funktionsverlust und Tod führen können.

Namhafte Alternsforscher halten die kalorische Restriktion für den wirksamsten Eingriff in den Prozess des Alterns. Vor Kurzem wurden Studien über den Effekt kalorischer Restriktion auf die Lebensdauer unterschiedlicher nichthumaner Spezies von mehreren Meinungsführern der Alternsforschung diskutiert. Neben der direkten Versorgung von Zellen und Organismen mit Nährstoffen können offensichtlich auch die molekularen Signalwege, die das extrazelluläre Nähstoffangebot (hauptsächlich Glukose) erkennen und die Information weiterleiten, die Lebensdauer modulieren. So wurde gezeigt, dass Veränderungen in den Signalwegen, die den Ernährungszustand erfassen, die durch Mutationen oder chemische Inhibitoren ausgelöst werden, die kalorische Restriktion nachahmen können. Derzeit konzentriert man sich auf zwei Nahrungssensoren, (1) die Familie von Insulin, der insulinähnlichen Wachstumsfaktoren I und II (*insulin-like growth factors I und II*, IGF-I und IGF-II) und ihrer Membranrezeptoren und (2) das TOR-Protein (TOR steht für „*target of rapamycin*"). In ihrem wegweisenden Review zu diesem Thema konstatieren die Autoren Luigi Fontana, Linda Partridge und Valter D. Longo, dass die Nahrungsrestriktion und die reduzierte Aktivität von Signalwegen, die das Nahrungsangebot messen, den Alterungsprozess vermutlich durch ähnliche Mechanismen verlangsamen, die in der Evolution konserviert sind (Fontana et al. 2010). Auf der Grundlage all dieser Resultate wurden, um die Lücke zwischen Modellorganismen und dem Menschen zu schließen, zuletzt Studien initiiert, die dieses Konzept in nichthumanen Primaten anwenden. Die ersten Resultate zweier noch laufender Langzeitstudien zu kalorischer Restriktion wurden 2009 veröffentlicht. Eine Population von Rhesusaffen, die am *Wisconsin National Primate Research Center* unter moderater (d. h. etwa 30%iger) kalorischer Restriktion gehalten wurde, wies eine signifikant verringerte Häufigkeit altersassoziierter Todesfälle auf. Zum Zeitpunkt des Reports lebten noch 50 % der Tiere, die *ad libitum* Zugang zu Futter hatten, und 80 % der Affen unter kalorischer Restriktion. Wie zuvor in anderen Säugern (z. B. Mäusen) beobachtet wurde, resultierte die reduzierte Nahrungsaufnahme in einem verzögerten Einsetzen unterschiedlicher altersassoziierter pathologischer Veränderungen (Abb. 3.9) einschließlich des verringerten Auftretens von Diabetes, Krebs, kardiovaskulären Erkrankungen und Atrophie des Gehirns. Obwohl sich aufgrund des Studiendesigns noch nichts über die maximale Lebensdauer oder deren mögliche Verlängerung aussagen lässt, erlauben die bisherigen Ergebnisse die Interpretation, dass diese Intervention den Alterungsprozess in Primaten verzögern kann (Colman et al. 2009).

Eine davon unabhängige zweite Studie wurde ebenfalls an Rhesusaffen durchgeführt, diesmal am *US National Institute on Aging* (NIA). Interessanterweise war das Endergebnis hinsichtlich der Verlängerung der Lebensdauer durch kalorische Restriktion ein anderes. Die NIA-Studie erbrachte, dass kalorische Restriktion (in diesem Fall eine Reduktion der Nahrungszufuhr um 10–40 %) weder in jungen noch in älteren Rhesusaffen die Lebensdauer verlängerte, wohl aber die Überlebensraten verbesserte. Die Studie verzeichnete ebenso positive Effekte einer reduzierten Nahrungsaufnahme auf die Krebsraten (Mattison et al. 2012). Das bedeutet, während die Studie aus Wisconsin so interpretiert werden kann, dass sie eine starke Verknüpfung zwischen einer Verbesserung der Gesundheit und einer Verlängerung der

Abb. 3.9   Effekte kalorischer Restriktion auf das Erscheinungsbild von Rhesusaffen. Rhesusaffen unter nährstoffreicher, aber kalorienarmer (*links*) und unter uneingeschränkter (*rechts*)
Ernährung, aufgenommen am Wisconsin National Primate Research Center der University of Wisconsin-Madison am 28.05.2009. (Foto: Mit freundl. Genehmigung von Jeff Miller, University of
Wisconsin-Madison)

Lebensspanne aufzeigt, legt die NIA-Studie eher eine Trennung zwischen Effekten
auf die Gesundheit, Morbidität und Mortalität nahe. Diese offensichtlichen Unge-
reimtheiten könnten hauptsächlich durch die Unterschiede im Studiendesign erklärt
werden. Ein wichtiger Faktor ist, dass die Affen der Kontrollgruppe in der Studie
in Wisconsin keinerlei Beschränkungen bezüglich ihrer Nahrungsaufnahme unter-
lagen und so viel Futter bekommen konnten, wie sie wollten (*ad libitum*), während
die Kontrollgruppe in der NIA-Studie eine spezielle, gesunde Diät bekam. Zudem
kann eine komplette Evaluation der Daten erst erfolgen, wenn die Studien beendet
sind, was aufgrund der Lebenserwartung dieser Primatenspezies mindestens noch
weitere zehn Jahre in Anspruch nehmen wird. Dennoch lässt sich aufgrund beider Studien zumindest bereits feststellen, dass weniger Futter sich positiv auf den
allgemeinen Gesundheitszustand der Primaten ausgewirkt hat.

Auf Basis der experimentellen Primatenstudien und der Präsentation der vor-
läufigen Resultate in den Medien haben sich unterschiedliche Gruppen von Menschen entschlossen, einem solchen Ansatz der kalorischen Restriktion zu folgen
und ihr Essverhalten anzupassen, wobei eine Reduktion der Kalorienzufuhr bei
optimaler Ernährung die Maxime darstellt. Personen, die sich einer solchen Diät
aussetzen, sind unter medizinischer Beobachtung und Wissenschaftler wie Luigi
Fontana berichten von großartigen Effekten einer, in einem Ansatz acht Jahre an-

dauernden kalorischen Restriktion auf das kardiovaskuläre System beim Menschen (Weiss und Fontana 2011). Wie in Tiermodellen verändert die Reduktion der Kalorienzufuhr auch beim Menschen den generellen Hormonstatus und hat einen großen Einfluss auf den Stoffwechsel (Heilbronn et al. 2006). Es wird berichtet, dass eine langfristige kalorische Restriktion präventiv wirksam gegen Diabetes mellitus Typ 2, Arteriosklerose und Bluthochdruck ist. Auf der anderen Seite ist unter den extremen Ernährungsbedingungen, die Fettleibigkeit nach sich ziehen, die mittlere Lebenserwartung aufgrund des generell schlechteren Gesundheitszustands verringert. Ungeachtet der mannigfaltigen Effekte einer kalorienreduzierten (und balancierten) Diät auf den gesamten menschlichen Körper, seine unterschiedlichen Gewebe und Zelltypen, ist es dennoch bei Weitem zu früh, die kalorische Restriktion als mögliche Quelle der Jugend zu feiern. Selbstverständlich ist es in diesem Stadium der experimentellen Ergebnisse von großer Bedeutung, die Effekte einer reduzierten Kalorienaufnahme auch auf molekularer Ebene zu untersuchen, um die exakten, zugrunde liegenden Mechanismen zu verstehen. Es muss festgehalten werden, dass trotz der Tatsache, dass die kalorische Restriktion den Gesundheitszustand von Labortieren und Menschen verbessert, altersassoziierte nachteilige Pathologien reduziert und evtl. – als direkte Konsequenz oder unabhängig davon – die Lebensdauer verlängert, zum jetzigen Zeitpunkt offen ist, welche molekularen Mechanismen den Effekten zugrunde liegen und wie diese wirken. Hier geben Studien im Fadenwurm *C. elegans* und anderen Modellorganismen einen Einblick.

3.5   Gene, die die Lebensspanne im Versuchstier verlängern

Die Gene age-1, daf-2, daf-16 sind in *C. elegans* mit der Ernährung verknüpft
Die Arbeit von Tom Johnson, David Friedman, Cynthia Kenyon, Adam Antebi, Gary Ruvkun, Pam Larson, Linda Partridge und vielen anderen (die Autoren sind sich bewusst, dass diese Liste nicht vollständig ist) hat gezeigt, dass einzelne genetische Modifikationen die Lebensdauer von Modellorganismen verändern können. Diese Resultate wurden erzielt, indem gut charakterisierte und weniger komplexe Modellorganismen wie der Fadenwurm *C. elegans* herangezogen wurden. In der Tat wurden und werden die Fortschritte in der Alternsforschung und das Verständnis der Alterungsmechanismen in erheblichem Maß durch Untersuchungen an *C. elegans* vorangetrieben. Dieser etwa 1 mm lange und durchsichtige Wurm besteht aus etwa 1000 Zellen. Sein Lebenszyklus ist kurz; er erreicht das Adultstadium nach einer Entwicklungsphase von 3 bis 4 Tagen. Seine Lebensdauer beträgt gewöhnlich 3–4 Wochen. Die gezielte Erforschung der Molekularbiologie von *C. elegans* wurde 1974 von Sydney Brenner begonnen. Seither ist der Fadenwurm einer der wichtigsten Modellorganismen für die molekularmedizinische Forschung einschließlich der Alternsforschung. Sowohl die zellulären Netzwerke der verschiedenen Gewebe als auch die wichtigsten Gene sind gut untersucht. Bislang sind über 100 Gene bekannt, die, wenn sie manipuliert werden, die Lebensspanne dieses Tiers verändern können

(s. auch Abb. 3.10). Durch die enge Zusammenarbeit großer Forschungskonsortien sind Gene, Genexpressionsbibliotheken und eine große Anzahl von Wurmlinien mit genetischen Variationen verfügbar und beschleunigen die Forschung im Feld.

Bereits 1988 wurde beschrieben, dass eine bestimmte *C.-elegans*-Linie, *age-1*, eine verlängerte Lebensdauer im Vergleich zu anderen Würmern aufwies. *Age-1*-mutante Tiere lebten etwa. 60–80 % länger als der Wildtyp und *age-1* war somit das erste sog. Langlebigkeits-Gen (Friedman und Johnson 1988). Diese frühe Entdeckung beförderte stark die Ansicht, dass die Lebensdauer und der Alterungsprozess eines ganzen Organismus durch einzelne Gene modifiziert (verzögert und evtl. auch beschleunigt) werden können. Diese Beobachtung markierte einen Paradigmenwechsel insofern, als sie gegen die Auffassung sprach, die schon zu dieser Zeit gängig war und heute wieder ist: dass der Alterungsprozess multigenetischen und multifaktoriellen Ursprungs ist. Durch die aufkommenden technischen Entwicklungen der modernen Molekularbiologie wurde die biochemische und funktionelle Analyse von *age-1* möglich. Die Klonierung und Charakterisierung des *age-1*-Gens erbrachte, dass es für ein Enzym namens Phosphatidylinositol-3-OH-Kinase codiert (Morris et al 1996). Dieses Enzym ist Teil einer intrazellulären Signaltransduktionskaskade, die nach der Bindung von Insulin an seinen Rezeptor an der Zellmembran aktiviert wird, und letztendlich zu transkriptionalen Veränderungen führt. Ein weiterer Durchbruch in der *C. elegans*-Alternsforschung ist Cynthia Kenyon zuzuschreiben. Sie identifizierte ein zweites Gen, das bei Mutation zu einer Verdopplung der Lebensdauer des Wurms führt, *daf-2*. Die entsprechende genetisch veränderte Wurmlinie wies die größte bis dahin gezeigte Lebensverlängerung in einem Organismus überhaupt auf (Kenyon et al. 1993). Außerdem wurde in dieser Veröffentlichung gezeigt, dass diese Lebensverlängerung die Aktivität eines zweiten Gens, *daf-16*, benötigt; *daf-2* und *daf-16* sind funktionell verknüpfte Gene. In einer nachfolgenden Studie wurden *daf-2* und *age-1*, die beide diesen dramatischen Effekt auf die Lebensdauer von *C. elegans* haben, direkt verglichen.

Mutationen in *age-1* und *daf-2* haben die gleichen Auswirkungen auf die Lebensdauer und beeinflussen ähnliche Prozesse (Dorman et al. 1995). Die ersten Daten dazu legten nahe, dass es etwas wie einen gemeinsamen Pfad geben könnte, in den sie münden und der das Altern reguliert. Nachdem entschlüsselt worden war, für welches Protein *daf-2* codiert, stellte sich heraus, dass auch dieses in diejenigen Signalprozesse involviert ist, die nach der Bindung von Insulin aktiviert werden, und den Rezeptor für IGF-1 (*insulin-like growth factor 1*) darstellt. Das bedeutet, wann immer Insulin oder IGF-1 die Zelle aktivieren, vermitteln die Proteine, die durch *age-1* und *daf-2* codiert werden, die intrazellulären Signalwege (Kimura et al. 1997; Abb. 3.11). DAF-16 arbeitet mit AGE-1 und DAF-2 zusammen und wurde als ein Faktor, der direkt die Transkription reguliert, charakterisiert. Er bindet als der Transkriptionsfaktor FOXO an die DNA, wenn die Phosphoinositolkinase, die durch *age-1* codiert wird, weiter oben in der Signalkaskade aktiviert wird. Heute wissen wir, dass FOXO als „Vollstrecker" von Signalereignissen, die durch Insulin und IGF-1 induziert werden, eine Rolle spielt, die weit über die Modulation des Alterungsprozesses hinausgeht (Salih und Brunet 2008). FOXO (*forkhead box, class O*) gehört zu einer großen Familie von Transkriptionsfaktoren, die durch ei-

ne konservierte DNA-Bindungsdomäne charakterisiert ist; DAF-16 ist das einzige
Ortholog der FOXO-Familie in *C. elegans.*

Zusammen genommen legten all diese Arbeiten nahe, dass Signale von außerhalb der Zelle, nämlich Hormone (Insulin) als lösliche Faktoren, den Alterungsprozess regulieren können. Eine Mutation im *daf-2*-Gen, das den Insulin-/IGF-1-
Rezeptor im Fadenwurmmodell repräsentiert, führt zu einem nichtfunktionellen
Rezeptor. Als Konsequenz erhält die Zelle kein Signal und eine Aktivierung der
nachfolgenden Kaskade, an der DAF-16/FOXO beteiligt sind, findet nicht statt.
Selbstverständlich wusste man zu dieser Zeit, dass die Insulinspiegel im Körper
steigen, wenn der Glukosegehalt im Blut nach der Nahrungsaufnahme hoch ist.
Es ist dann eine der wichtigen Aufgaben von Insulin, die Glukoseaufnahme in
bestimmten Geweben zu erhöhen. Im Menschen werden insulinabhängige Glu-
kosetransporter in Fettzellen (Adipozyten), Skelettmuskel- und Herzmuskelzellen
exprimiert. Die Aufnahme von Nährstoffen (hauptsächlich von Glukose) treibt den
Stoffwechsel an, eine Unterbrechung dieser Prozesse, z. B. durch einen defekten
Insulinrezeptor wie im Fall der *daf-2*-Mutanten, führt ebenfalls zu einer verminder-
ten Aufnahme von Glukose. Genauso führt eine verringerte Glukoseaufnahme beim
Hungern (keine Nahrungsaufnahme) oder bei kalorischer Restriktion (beschränkte
Nahrungsaufnahme) zu einem reduzierten insulinabhängigen intrazellulären Signal.
In einfachen Worten könnte man sagen, dass hier die Konzepte der kalorischen
Restriktion und der defekten Insulinsignalgebung in mutanten Wurmlinien konver-
gieren und prinzipiell das gleiche Resultat haben: eine verlängerte Lebensdauer.
Diese Interpretation ist faszinierend insofern, als sie impliziert, dass extrazelluläre
Hormone und potenziell auch Pharmazeutika, die hormonelle Aktivitäten nachah-
men oder ihnen entgegenwirken, den Alterungsprozess beeinflussen. Im nächsten
Schritt war es wichtig zu untersuchen, ob eine Modulation des Alterungsprozesses

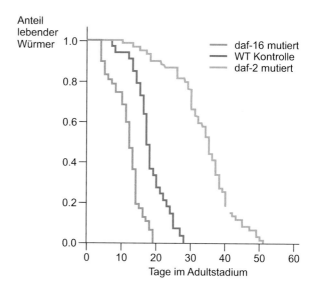

**Abb. 3.10 Modulation der
Lebensdauer in *C. elegans*.**
Die Wurmlinie daf-2 (mit einer Mutation im Insulin/IGF-
1-Rezeptor-Gen) weist eine
verlängerte Lebensdauer auf,
während die daf-16-Linie
(mit einer Mutation im Gen
für den Transkriptionsfaktor
DAF-16, der dem Insulinsignalweg nachgeschaltet ist)
eine verkürzte Lebensspanne
zeigt. (Grafik mit freundl.
Genehmigung von Andreas
Kern, Institut für Pathobiochemie, Universitätsmedizin
Mainz)

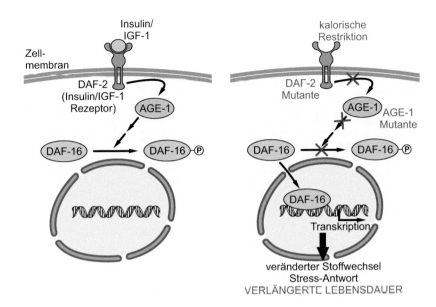

Abb. 3.11 AGE-1, DAF-2, DAF-16 als Teil des Insulinsignalwegs. Age-1-, daf-2- und daf-16-
Linien von *C. elegans* weisen eine veränderte Lebensdauer auf; die entsprechenden Proteine stehen mit dem Insulin-/IGF-1-Signalweg in Zusammenhang. Nach Stimulation aktiviert der Insulin-/
IGF-1-Rezeptor die Phosphatidylinositol-3-OH-Kinase AGE-1. Über mehrere Zwischenschritte
wird der Transkriptionsfaktor DAF-16 phosphoryliert und so im Zytoplasma zurückgehalten. Dieser Signalweg kann an unterschiedlichen Stellen unterbrochen werden (gezeigt in *rot*; modifiziert
nach Ewbank 2006; Anm.: Während im Wurm und in der Fliege nur ein Insulin-/IGF-Rezeptor-
Typ bekannt ist, sind in Säugern zwei unterschiedliche Rezeptoren beschrieben, der Insulin-Re-
zeptor und der IGF-1-Rezeptor)

wie sie in *C. elegans* gelungen war, auch in anderen Spezies, v. a. in Säugetieren,
erreicht werden kann. Zunächst gingen Linda Partridge und Marc Tatar dieser Frage
in einem anderen Modellorganismus nach, der Fruchtfliege *Drosophila melanogaster* (*D. melanogaster*).

**Die Veränderung der Lebensdauer und der Wissenstransfer vom Wurm in
Fruchtfliege und Maus** Wie *C. elegans* ist das Tiermodell der Fruchtfliege gut
charakterisiert; Zellen, Gewebe, Netzwerke, regulatorische Prozesse und Moleküle
können auf Basis langjähriger Arbeit mit zahlreichen unterschiedlichen Mutanten-
linien untersucht werden. Die Entwicklung ist ebenfalls wohlbekannt: Die Lar-
valentwicklung zum adulten Organismus nimmt etwa 10–12 Tage in Anspruch.
Die reguläre Lebensdauer von *D. melanogaster* unter Laborbedingungen beträgt
zwischen 50 und 80 Tagen und eignet sich daher, um mittlere und maximale Lebensdauer und deren Manipulation zu analysieren. Aus Platzgründen kann die Geschichte der Befunde in Drosophila hier nicht rekapituliert werden, es soll aber
festgehalten werden, dass Partridge und Tatar 2001 in einer *Side-by-side*-Publi-
kation in *Science* berichteten, dass die Lebensdauer in *D. melanogaster* (wie in

C. elegans) durch Eingriffe in den Insulinsignalweg tatsächlich moduliert werden kann (Clancy et al. 2001; Tatar et al. 2001). Mit diesen Ergebnissen wurde klar gezeigt, dass in zwei unterschiedlichen Spezies eine Verringerung des Insulin-/IGF-1-Signals zu einer Verlängerung der Lebensdauer führt, was zudem auf die evolutionäre Konservierung und die Bedeutung dieser molekularen Verknüpfung zwischen Nahrungsangebot, den entsprechenden Signalwegen und dem Altern hinweist. Der nächste logische Schritt war der Nachweis, dass der molekulare Link auch im Säuger existiert.

Während Würmer und Fruchtfliegen nur eine kurze Lebensdauer haben, leben Mäuse unter Laborbedingungen etwa 2–3 Jahre. Bei der Verwendung von Mausmodellen in der medizinischen Forschung geht es selbstverständlich darum, dem menschlichen Organismus näher zu kommen. Mit der Einführung rekombinanter Technologien und der Entwicklung der experimentellen Mausgenetik wurde eine riesige Zahl von Mausmodellen generiert, die auf Gene abzielten, die mit humanen Erkrankungen verknüpft sind. So interessant und gewinnbringend die Arbeit mit Mäusen als Säugermodell prinzipiell ist, wird noch immer kontrovers diskutiert, ob eine Maus überhaupt ein gutes Modellsystem für eine menschliche Krankheit darstellen kann. Erst vor Kurzem hat sich eine Studie mit der Relevanz von Mausmodellen für Inflammation beschäftigt und einmal mehr große Zweifel hinsichtlich der Übertragbarkeit von Maus zu Mensch aufgebracht (Shay et al. 2013). Es muss nicht betont werden, dass dies umso mehr berücksichtigt werden muss, wenn Mäuse in der Alternsforschung eingesetzt werden, da eine maximale Lebensdauer von zwei bis drei Jahren mit der von 100 bis 120 Jahren des Menschen in keiner Weise vergleichbar ist. Dennoch sind viele Aspekte des Stoffwechsels und der Physiologie von Mäusen als Säugetieren denen des Menschen bis zu einem gewissen Grad ähnlich, zumal eine weitreichende genetische Homologie zwischen Maus und Mensch besteht.

In den 1980er Jahren waren es dann die Arbeiten von Andrzey Bartke, die die sog. *Ames dwarf*-Mäuse (engl. *dwarf*: Zwerg) präsentierten, die eine um etwa 50 % erhöhte Lebensdauer aufwiesen. Diese Mäuse trugen eine Mutation im Gen *prop1*, das für einen Transkriptionsfaktor codiert, der in die Entwicklung der Hypophyse involviert ist. Dieses Gehirnareal ist ein wichtiger Teil der Hormonsignalachse in Säugern; es ist funktionell mit dem Hypothalamus (einer weiteren wichtigen regulatorischen Hirnregion; endokrine Hypothalamus-Hypophyse-Achse) verbunden und löst die Expression einer Vielzahl von Genen in unterschiedlichen Zielgeweben (z. B. Hoden, Eierstöcken, Schilddrüse) aus. Eine der Hauptaufgaben der Hypophyse ist die Sekretion von Peptidhormonen, die in die Blutbahn eintreten und in ihren Zielgeweben überall im Körper an entsprechende Membranrezeptoren binden. Die *Ames dwarf*-Mäuse wiesen daher eine Vielfalt hormoneller Veränderungen und reduzierte Spiegel u. a. des Wachstumshormons aus der Hypophyse auf. Darüber hinaus besaßen diese Mäuse interessanterweise auch erniedrigte Spiegel an IGF-1 im Serum; zu den Aktivitäten des Wachstumshormons gehört ein regulatorischer Einfluss auf IGF-1. Es gibt also offensichtlich auch in Mäusen eine Verbindung von Langlebigkeit zu Insulinsignalprozessen (Brown-Borg et al. 1996). Mit der Weiterentwicklung dieser Befunde befassen sich mehrere neuere, elegante

Übersichtsartikel (Bartke 2011; Yakar und Adamo 2012; Brown-Borg und Bartke 2012). Die Arbeiten anderer Labore haben die Verbindung von Langlebigkeit und Insulinsignalen bestätigt und erweitert, wobei der Schwerpunkt auf den Insulin- und IGF-1 Rezeptoren lag, z. B. dem genetischen *Knock out* des Insulin-Rezeptors ausschließlich in Fettgewebe, was zu dünnen Mäusen mit einer langen Lebensdauer führte (Holzenberger et al. 2003; Blüher et al. 2003). Erweitert und unterstützt wurde der molekulare mechanistische Link zwischen dem Energiestoffwechsel und der Alterung durch die Entdeckung des Gens *klotho*, das für ein spezifisches Transmembranprotein, das funktionell indirekt mit dem Insulinsignalweg verknüpft ist, codiert. Transgene Mäuse, die *klotho* überexprimieren, weisen eine verlängerte Lebensdauer auf, Mäuse ohne *klotho* altern vorzeitig. Darüber hinaus wurde gefunden, dass die Familie der Klotho-Proteine als wichtige Korezeptoren für die Fibroblastenwachstumsfaktoren dienen könnten, die in die Regulation einer ganzen Palette von Stoffwechselprozessen involviert sind, was kürzlich ebenfalls ausgezeichnet resümiert wurde (Razzaque 2012; Kuro-o 2012).

Um es zusammenzufassen: Trotz einer Vielzahl experimenteller Studien, die seit der initialen Beschreibung der Verknüpfung von Kalorienzufuhr, Stoffwechsel und Alterung durchgeführt wurden (zur Übersicht: Fontana et al. 2010) – und es gibt viele weitere Aspekte, die hier nicht aufgegriffen werden können (s. beispielsweise Yin et al. 2013) – und ersten Resultaten in Rhesusaffen, ist der letztendliche Transfer der Verknüpfung von Nahrungszufuhr und Lebensdauer auf die Situation im Menschen bislang nicht gelungen. Es gibt jedoch keinen Zweifel, dass eine angemessene Einschränkung der Nahrungsaufnahme gut für den allgemeinen Gesundheitszustand des Menschen ist. Selbstverständlich ist es die persönliche Entscheidung eines Jeden, einer solchen Strategie bis zu welchem Ausmaß auch immer zu folgen. Und wie für fast alle Dinge des modernen Lebens, findet man auch hierfür Vorschläge und Hilfe im Internet (z. B. www.crsociety.org) und bei professionellen und semiprofessionellen, mehr oder weniger orthodoxen Gemeinschaften. Trotz offensichtlicher positiver Effekte von kalorischer Restriktion kann eine langfristige Diät auch Nebenwirkungen haben, wie sie in deutlich untergewichtigen Individuen beobachtet werden. Außerdem sollte man sich die Strategie des alten Coronaro ins Gedächtnis rufen, der nicht nur weniger Nahrung zu sich nahm, sondern sie v. a. sorgfältig auswählte.

Aber auch der Einfluss kürzerer Perioden kalorischer Restriktion auf den menschlichen Körper sollten ernsthaft in Betracht gezogen werden. Ein letzter Gedanke hierzu soll sich mit dem Gehirn und der kognitiven Leistungsfähigkeit beschäftigen. Auf der Grundlage von Tierstudien, die klar gezeigt hatten, dass sich eine Diät mit geringer Kalorienzufuhr und Anreicherung mit ungesättigten Fettsäuren positiv auf die kognitive Aktivität in alten Tieren auswirken kann, wurde eine prospektive interventionelle Studie beim Menschen durchgeführt (Witte et al. 2009). Fünfzig gesunde, normal- bis übergewichtige ältere Personen wurden in drei Gruppen eingeteilt: (1) Bei der ersten Gruppe wurde die Nahrungszufuhr um 30 % reduziert, (2) bei der zweiten eine normale Nahrungszufuhr durch etwa 20 % zusätzliche ungesättigte Fettsäuren ergänzt, und (3) bei der Kontrollgruppe die

Nahrungszufuhr nicht verändert. Nach drei Monaten wurden die kognitiven Funktionen, insbesondere die Gedächtnisleistung, bewertet; es zeigte sich, dass die erste Gruppe einen signifikanten Anstieg in der verbalen Gedächtnisleistung aufweisen konnte. Diese Verbesserung korrelierte mit verringerten basalen Spiegeln an Insulin und C-reaktivem Protein (einem Entzündungsmarker) in nüchternem Zustand, mit der höchsten Ausprägung bei denjenigen Personen, die sich am striktesten an die Diät gehalten hatten. Die beiden anderen Gruppen wiesen keine signifikanten Änderungen hinsichtlich der Gedächtnisleistung auf (Witte et al. 2009). Obwohl die genauen, zugrunde liegenden Mechanismen noch nicht geklärt und schwierig zu erforschen sind, zeigen die Beobachtungen doch eindrucksvoll, dass der generelle Stoffwechselzustand des Körpers direkt die genau abgestimmte neuronale Homöostase im menschlichen Gehirn modulieren (in diesem experimentellen Paradigma sogar verbessern) kann. Übereinstimmend damit wurde kürzlich in einer Studie an einem Mausmodell der Alzheimerschen Krankheit gezeigt, dass auch Hunger – ohne kalorische Restriktion – die Spiegel an Aβ und die Inflammation, die auf die charakteristische Aktivierung der Mikroglia hinweist, in 6 Monate alten Tieren im Vergleich zur Kontrollgruppe verringert (Dhurandhar et al. 2013). Die Studie verbindet wiederum eine Einschränkung in der Nahrungsaufnahme mechanistisch mit dem IGF-1-System und signifikanten positiven Effekten auf die Gesundheit, die letztendlich zu einer Verlängerung der Lebensdauer führen könnten. Etwas weiter gefasst und in simplen Worten: Das Gehirn ist Teil des Körpers und seinem Körper gut zu tun, heißt, auch seinem Gehirn gut zu tun.

Der Nahrungssensor mTOR (*mammalian target of rapamycin*) Ein weiteres wichtiges Kontrollprotein, das mit der Insulin-/IGF-Signalkette in der Zelle verknüpft ist, ist das Protein TOR (*target of rapamycin*). Rapamycin ist eine Substanz, die zuerst aus dem Bakterium *Streptomyces hygroscopicus* isoliert wurde, das auf der Insel Rapa Nui (Osterinsel) entdeckt wurde, was der Substanz ihren Namen gab. Das Protein mTOR (engl. *mammalian:* Säuger) ist eine große Serin-/Threoninkinase und gehört zur Familie der Phosphatidylinositol-3(PI3)-Kinase-verwandten Proteinkinasen. mTOR stellt die katalytische Untereinheit der zwei Proteinkomplexe mTORC1 und mTORC2 dar. Rapamycin zielt auf mTORC1 und inhibiert seine signalgebende Aktivität. Dies blockiert die Aktivierung der Cdc2-Kinase und die anschließende Komplexierung mit Cyclin E, was die Zellen in der G1-Phase verharren lässt und die Transition in die S-Phase verhindert (Foster et al. 2010; Dobashi et al. 2011). Wegen seiner Einflussnahme auf den Zellzyklus proliferierender Zellen wird Rapamycin als Mittel gegen Krebs verwendet und ist zudem als Immunsuppressivum beim Menschen bekannt. Die Inhibition von mTOR durch Rapamycin führt außerdem zur Induktion der Autophagie. mTOR ist also ein vorgelagerter Regulator des evolutionär hochkonservierten Prozesses der Autophagie (griech. αὐτός – selbst, φαγεῖν – fressen), eines intrazellulären Abbauprozesses in membranären Kompartimenten mit hoher Lyseaktivität, den sog. Lysosomen. Mithilfe der Autophagie können Zellen intrazelluläre Abfälle wie geschädigte und dysfunktionale Organellen (z. B. Mitochondrien, dieser Prozess wird dann als Mitophagie bezeichnet), abnorm gefaltete und/oder modifizierte dysfunktionelle

Proteine oder Proteinaggregate selbst „verdauen" (Chen und Klionsky 2011). Die Autophagie ist daher ein zentraler Part des zellulären Qualitätskontrollsystems für Proteine und Organelle, das die Homöostase innerhalb der Zelle sicherstellt. Die ersten, die einen intrazellulären Prozess beschrieben, durch den Zellen ihr eigenes zytoplasmatisches Material im lysosomalen Kompartiment verdauen können, waren Christian De Duve und seine Arbeitsgruppe (De Duve und Wattiaux 1966). Ein anderer Teil der Proteinqualitätskontrolle ist das Proteasom, ein Multienzymkomplex, der Proteine abbaut, die zu diesem Zweck enzymatisch mit einer spezifischen Ubiquitinmarkierung versehen werden, da alle zellulären Proteine eine definierte Halbwertzeit haben. Eine wichtige Voraussetzung für diese Art des Proteinabbaus ist, dass die Proteine entfaltet werden können, sodass sie physikalisch für die Proteasom-Degradationsmaschinerie zugänglich sind (Mogk et al. 2007; Fredrickson und Gardner 2012; Amm et al. 2014). Aggregierte Proteine können sich nicht entfalten und müssen daher durch einen alternativen Weg, die Autophagie, beseitigt werden. Wie schon erwähnt, ist die Autophagie evolutionär hoch konserviert. Ein Hauptinduktor des Prozesses in allen Spezies und Zellsystemen, die bislang untersucht wurden, ist Hungern, ein Mangel an Nährstoffen (v. a. Aminosäuren) im extrazellulären Kompartiment und extrazellulärer Stress. Wenn aufgrund eines Hungerzustands keine Aminosäuren von außen bereitgestellt werden, versorgt ein erhöhter Proteinumsatz die Zelle mit Aminosäuren als Abbauprodukte der Proteine.

Die Autophagie ist streng reguliert und folgt einem kanonischen Prozess, der eine Vielzahl von Proteinen und Regulatoren und mTOR als wichtigstes vorgeschaltetes Kontrollprotein umfasst. mTOR integriert unterschiedliche eingehende Signale (z. B. Insulin, Wachstumsfaktoren) und erkennt Nährstoff-, Energie- und Sauerstoffspiegel (Abb. 3.12). Da die Autophagie von solch entscheidender Wichtigkeit für die zelluläre Funktion und das Überleben ist, kann eine Beeinträchtigung des Prozesses zu einer Störung beispielsweise der Proteinhomöostase führen, die eng mit dem Altern und altersbedingten Krankheiten einschließlich der Alzheimer-Krankheit verknüpft ist (Morawe et al. 2012). Was das Altern betrifft, kann in Modellorganismen wie Hefe, Fadenwürmern, Fliegen und sogar in Mäusen die Lebensdauer durch die Induktion der Autophagie verlängert werden. Wird die Autophagie durch pharmakologische Substanzen, v. a. Rapamycin, induziert, prolongiert sie nicht nur die Lebensspanne, sondern schützt auch gegen Fehlfunktionen, die mit Proteinaggregation assoziiert sind; dies wurde in transgenen Tieren gezeigt, die aggregationsanfällige, krankheitsassoziierte Proteine wie Huntingtin, das die Huntington-Krankheit verursacht, exprimierten (Hochfeld et al. 2013). Mäuse, die 600 Tage alt waren (was häufig mit einem Alter von etwa 60 Jahren beim Menschen verglichen wird) und mit Rapamycin behandelt wurden, zeigten einen Anstieg der Lebensdauer von etwa 14 % in Weibchen und 9 % in Männchen (Harrison et al. 2009). Sogar ein recht später Beginn einer solchen Intervention führt also zu einer signifikant verlängerten individuellen Lebensdauer. Aufgrund einer Vielzahl von Nebenwirkungen, einschließlich Katarakten (grauem Star) und Syndromen, die mit der Immunsuppression assoziiert sind, ist Rapamycin definitiv kein Kandidat, um im Menschen zur Verlängerung der Lebensspanne angewandt zu werden. Andererseits zeigt dies das Potenzial, das die gezielte Beeinflussung des Autophagiewegs

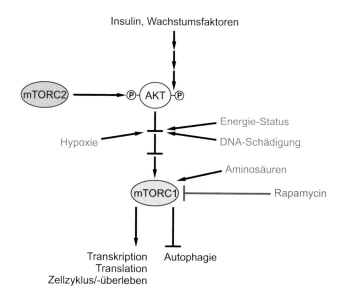

Abb. 3.12   mTOR-Signalweg. *Mammalian target of Rapamycin (mTOR)* stellt die katalytische Untereinheit der Proteinkomplexe mTORC1 und mTORC2 dar, wobei Rapamycin nur die Signalgebungsaktivität von mTORC1 inhibiert. mTORC1 ist in der Lage, unterschiedliche intra- und extrazelluläre Signale zu integrieren und ist an zellulären Schlüsselprozessen beteiligt. In seiner aktiven Form stimuliert mTORC1 die Transkription und die Translation und reguliert so das Zellwachstum; der Prozess der Autophagie wird blockiert. mTORC2 beeinflusst mTORC1 über die Aktivierung der Proteinkinase AKT

haben könnte, sogar in Säugern. Derzeit ist noch nicht klar, wie genau Rapamycin diesen Effekt in Mäusen vermittelt, ob durch das Gegensteuern und Verhindern altersassoziierter Krankheiten oder ein direktes Zusammenspiel mit dem Alterungsprozess oder einer Kombination von beidem. In ihrem Originalartikel konstatieren die Autoren (Harrison et al. 2009): „Nach unserem Kenntnisstand sind dies die ersten Resultate, die eine Rolle für die mTOR-Signalgebung für die Regulation der Lebensdauer von Säugern sowie eine pharmakologische Verlängerung der Lebensdauer in beiden Geschlechtern aufzeigen. Diese Ergebnisse haben Implikationen für die weitere Entwicklung von Eingriffsmöglichkeiten, die zur Behandlung und Prävention altersbedingter Erkrankungen auf mTOR abzielen".

Obwohl die experimentellen Ergebnisse zum Einfluss der Modulation von mTOR und des Autophagiewegs nicht auf den Menschen übertragen werden können, wurde kürzlich von interessanten Beobachtungen hinsichtlich mTOR und der Lebensdauer beim Menschen berichtet. Bei der Untersuchung der Expression von mTOR und assoziierten Genen in Gewebeproben von Individuen einer spezifischen Alterskohorte (*Leiden Longevity Study*) wurden die mRNA-Spiegel von mTOR-Signalgenen von sog. *Nonagenarians*, d. h. Menschen im zehnten Lebensjahrzehnt, und Kontrollen im mittleren Lebensalter untersucht. Kurz gesagt fand man, dass ein hohes Alter mit einem andersartigen Expressionsprofil von Genen des mTOR-

Signalwegs assoziiert ist. Eines davon ist das RPTOR(Raptor)-Gen (Passtoors et al. 2013), wobei das Raptorprotein eine zentrale Komponente von mTORC1 ist. Es liegt also nahe, dass mTOR-regulierte Prozesse nicht nur in verschiedenen Tiermodellen Krankheit und Altern modulieren können, sondern auch einen Einfluss auf das Altern des Menschen haben. Diese Ergebnisse sollten zur weiteren Erforschung dieser Zusammenhänge anregen, man sollte jedoch immer bedenken, dass die Autophagie ein multifunktioneller Prozess ist, unterschiedliche nachgeschaltete Prozesse beeinflusst und pharmakologisch nicht leicht zu beeinflussen ist, ohne unerwünschte Effekte (s. Rapamycin) auszulösen.

3.6 Die Freie-Radikal-Theorie des Alterns

Bislang wurde der Schwerpunkt bezüglich möglicher Mechanismen und Regulatoren des Alterungsprozesses auf definierte Gene und intrazelluläre Signalwege gelegt, die direkt mit einer Modulation der Lebensdauer verknüpft werden konnten. Sowohl die Manipulation bestimmter Gene (z. B. *daf-?*) als auch die Intervention mit bestimmten intrazellulären Signalwegen (z. B. mTOR-Signalgebung) kann die Lebensdauer von Modellorganismen beeinflussen. Andererseits haben wir gelernt, dass die einfache Reduzierung der Kalorienzufuhr die Lebensdauer ebenso verlängern kann. Auch zwischen der nächsten Alternstheorie, die hier vorgestellt werden soll, der *Freie-Radikal-Theorie des Alterns*, und der Lebensverlängerung durch kalorische Restriktion gibt es eine Verbindung. Der Grund dafür ist, dass ein niedrigerer mitochondrialer Energiestoffwechsel (wie unter kalorischer Restriktion oder Hungerbedingungen) auch zu einer Abnahme der Entstehung freier Radikale in den Mitochondrien und nachfolgend zu verringertem oxidativem Stress führt (Pamplona und Barja 2006).

Ursprünglich 1956 von Denham Harman formuliert (Harman 1956), hat die Freie-Radikal-Theorie des Alterns bereits seit Jahrzehnten Bestand. Diese Sicht auf das Altern beruht auf der Tatsache, dass Biomoleküle im Lauf der (Lebens-) Zeit kontinuierlich exogenen und endogenen Faktoren ausgesetzt sind und daher eine Art „Verschleiß" erfahren, der durch Oxidanzien verursacht wird. Die Struktur der zellulären Komponenten kann durch Oxidation chemisch verändert werden und eine veränderte Struktur bedeutet sehr oft eine Reduktion oder den Verlust der Funktion oder, in manchen Fällen, sogar den Erwerb einer toxischen Funktion. Sauerstoff greift generell alle Zellmoleküle an und alle drei Hauptarten von Biomolekülen – Proteine, Lipide und DNA – können chemisch modifiziert werden. Sauerstoff ist für unser Leben von zentraler Bedeutung, kann aber eben auch (oxidativen) Schaden verursachen. In Säugern werden über 90 % der Energie durch die chemische Reduktion von molekularem Sauerstoff erzeugt. Durch die Atmungskette in den Mitochondrien wird Sauerstoff zu Wasser reduziert (H_2O; Abb. 3.13). Dabei wird nicht nur Energie produziert, sondern auch toxische Nebenprodukte von O_2. Solch toxische Nebenprodukte sind freie Sauerstoffradikale, auch reaktive Sauerstoffspezies (*reactive oxygen species*, ROS) genannt, die die molekularen

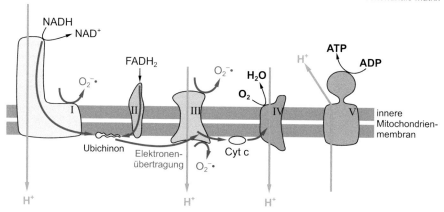

Abb. 3.13 Die mitochondriale Atmungskette: die Reduktion von Sauerstoff zu Wasser. An der inneren Mitochondrienmembran wird durch eine komplexe Abfolge von Reaktionen molekularer Sauerstoff (O_2) zu Wasser (H_2O) reduziert, wobei Elektronen durch die Interaktion mit vier integralen Membranproteinkomplexen (Komplexe I-IV) übertragen werden. Komplex V ist eine ATPase/ATP-Synthase, die die Energiegewinnung in Form von ATP betreibt. Die treibende Kraft ist ein Protonen(H^+)-Gradient, der sich durch die Akkumulation von Reduktionsäquivalenten (*NADH* und *FADH$_2$*) aufbaut. Beim Durchfluss der Elektronen wird O_2 häufig mit einem zusätzlichen Elektron versehen und $O_2 \cdot ^-$, das Superoxidradikal, gebildet (zur Vereinfachung sind die *Pfeile* unidirektional dargestellt; mod. nach Müller-Esterl 2011)

Vermittler von oxidativem Stress sind. Tatsächlich sind Proteine, Lipide und DNA hochgradig suszeptibel für Oxidation und oxidativen Stress, der diese Moleküle fortwährend in der Zelle attackiert. Aber was bedeutet Oxidation eines Moleküls eigentlich? Was genau ist *oxidativer Stress*? Wie kann er der Zelle Schaden zufügen, ihre Funktion verändern oder zum Zelltod führen? Und, was hat dies mit dem Alterungsprozess zu tun?

Definitionsgemäß bezeichnet *Oxidation* eine chemische Reaktion, bei der ein Atom, ein Ion oder ein Molekül Elektronen an seinen Reaktionspartner abgibt. Dieser Elektronentransfer verändert die Chemie des Akzeptormoleküls. Ein stabiles Atom oder Molekül, das ein zusätzliches Elektron erhält (und dann ein ungepaartes Elektron trägt), wird als *Radikal* bezeichnet; es kann hochreaktiv werden, da es das intrinsische „Bedürfnis" hat, dieses zusätzliche Elektron so bald wie möglich wieder „loszuwerden" (zu übertragen). Sauerstoff ist in großen Mengen in den Mitochondrien vorhanden, um stufenweise zu Wasser reduziert zu werden (Reduktion: entgegengesetzte Reaktion der Oxidation; hier: Reaktion mit Elektronen und Wasserstoff). Während dieses Prozesses nimmt O_2 sehr häufig zufällig ein zusätzliches Elektron auf, wodurch es selbst zum Radikal ($O_2 \cdot ^-$, Superoxidradikal) wird und dann der Ausgangspunkt für weitere, abgeleitete Radikalspezies ist.

Während die Reduktion von O_2 zu H_2O in der Atmungskette die gewünschte physiologische Reaktion darstellt, kann die Produktion von Superoxidradikalen als „Unfall" angesehen werden. Daneben wird $O_2\cdot^-$ auch von verschiedenen zelleigenen enzymatischen Systemen generiert, in diesen Fällen durchaus zielgerichtet. Sauerstoffradikale besitzen auch regulatorische Funktionen, z. B. bei der Redoxregulation verschiedener Proteine und der Modulation der Transkription sauerstoffresponsiver Gene. Mehr noch, in speziellen Immunzellen (Phagozyten) des Immunabwehrsystems von Säugern gegen Infektionen wird die immense reaktive und auch destruktive Kraft von $O_2\cdot^-$ genutzt, um exogene Partikel und Mikroben oxidativ zu zerstören und etwa phagozytierte Mikroorganismen abzutöten (Nauseef 1999).

Ein Durchbruch in der Erforschung freier Radikale war die Entdeckung des Enzyms Superoxiddismutase (SOD), das Superoxidradikale zu Sauerstoff und Wasserstoffperoxid (H_2O_2) umsetzt, durch McCord und Fridovich (McCord und Fridovich 1969, 2014). Aufgrund dieser und anderer Befunde wurde den Mitochondrien als den Systemen, die ROS als Nebenprodukte der Atmungskette erzeugen, große Aufmerksamkeit zuteil. 1972 legte Denham Harman eine reevaluierte und aktualisierte Version seiner ursprünglichen Freie-Radikal-Theorie des Alterns vor, in der er die neuen Ergebnisse zur Biochemie freier Radikale berücksichtigte (Harman 1972); ein persönlicher Rückblick über alle wichtigen Entwicklungen in dem Feld wurde von ihm ebenfalls vorgelegt (Harman 2009). Die Freie-Radikal-Theorie des Alterns ist in hohem Maß nachvollziehbar, da bei einem Leben in Sauerstoffatmosphäre unsere Zellen und Gewebe permanent Sauerstoff und von ihm abgeleiteten Radikalen ausgesetzt sind. In der Folge hat eine Reihe von Beweislinien diese Theorie unterstützt (und tut es noch). Einige der wichtigsten Beweise der Plausibilität dieser Alternstheorie sollen hier angeführt werden: (1) Der oxidative Schaden, der in Zellen und Geweben gefunden wird, steigt mit dem Alter der experimentellen Tiermodelle an; (2) verschiedene Bedingungen, die die Lebensdauer verlängern, reduzieren die Bildung von freien Sauerstoffradikalen insgesamt und den folgenden oxidativen Schaden; (3) bestimmte genetische Manipulationen, die die Lebensdauer im Tiermodell erhöhen, sind direkt mit geringeren oxidativen Schäden assoziiert (Halliwell und Gutteridge 1999).

Reaktive Sauerstoffspezies, reaktive Stickstoffspezies und oxidativer Stress
Durch Fehler beim Elektronentransfer während der Atmungskette in den Mitochondrien kann molekularer Sauerstoff mit einem zusätzlichen Elektron geladen und zum Superoxidradikal ($O_2\cdot^-$) werden. Dieses ist dann der Ausgangspunkt für andere Radikale und oxidierende Moleküle, die als reaktive Sauerstoffspezies (ROS, s. o.) bezeichnet werden. Wie in Abb. 3.13 gezeigt, werden ROS primär an den respiratorischen Komplexen I und III generiert und sind hoch reaktiv. Die wichtigsten Vertreter sind das Superoxidradikal selbst und Wasserstoffperoxid. Wasserstoffperoxid ist chemisch selbst kein Radikal, aber der Ausgangspunkt für die Entstehung des hoch reaktiven Hydroxylradikals (HO·). Die ROS unterscheiden sich im Grad ihrer Reaktivität und daher auch in ihrer Reichweite innerhalb (oder außerhalb) von Zellen. Das Hydroxylradikal besitzt die höchste Reaktivität und oxidiert die Biomoleküle in seiner unmittelbaren Umgebung. Auch Peroxynitrit

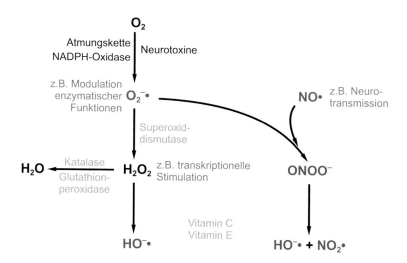

Abb. 3.14   Reaktive Sauerstoff- und Stickstoffradikalspezies, ROS und RNS. ROS und RNS (*rote Schrift*) werden permanent gebildet und stehen miteinander in Zusammenhang. Neben ihrem hohen reaktiven Potenzial nehmen sie auch lebensnotwendige zelluläre Funktionen wahr (*blaue Schrift*). Antioxidative Enzyme und Antioxidanzien (*grüne Schrift*) können die ROS in weniger reaktive Moleküle umsetzen und somit entgiften. Mangelnde Detoxifizierung und/oder überbordende Produktion können zur Akkumulation von ROS und RNS führen

(ONOO⁻), das entsteht, wenn Stickstoffmonoxid (NO˙) mit Superoxidradikalen reagiert, ist hoch reaktiv. Peroxynitrit und das weniger reaktive Stickstoffmonoxid gehören zur Familie der reaktiven Stickstoffspezies, RNS (*reactive nitrogen species*; Abb. 3.14). Innerhalb der Zelle kann also eine Vielfalt von ROS und RNS gebildet werden. Obgleich die Mitochondrien als primäre Quelle von ROS angesehen werden, entstehen ROS auch außerhalb dieser Organellen. Ein enzymatisches System, das direkt Superoxidradikale im Zytoplasma produzieren kann, ist die NADPH-Oxidase (Bae et al. 2011).

ROS können auch Signalfunktion haben; sie können als Sauerstoff- und redox-sensitive Modulatoren der Transkription agieren, wie für Wasserstoffperoxid, einen Aktivator des Transkriptionsfaktors NF-κB, klar gezeigt wurde (Li und Karin 1999). Man könnte also sagen, dass ROS ein Janus-Gesicht besitzen. Sie stellen wichtige intrazelluläre Signalfaktoren dar, können die Zelle aber ebenso zerstören. Dabei ist selbstverständlich die Konzentration, in der die ROS entstehen und letztendlich akkumulieren, von entscheidender Bedeutung. Dies trifft im Grunde ebenso für RNS zu, wobei Stickstoffmonoxid von geringer Reaktivität ist, sodass es auch zur Übertragung von Signalen von Zelle zu Zelle benutzt wird, sogar innerhalb des Zentralnervensystems. Tatsächlich ist NO˙für Nervenzellen ein wichtiger Überträger bei der synaptischen Neurotransmission und es wurde gezeigt, dass es eine Rolle bei der Gedächtnisbildung im Säugerhirn ausübt. Ursprünglich wurde NO˙ nach langer Suche als *der* lokal wirkende Faktor für die Relaxation von Blutgefäßen identifiziert. 1992 wurde ihm vom Magazin *Science* sogar der Titel

„Molekül des Jahres" verliehen (Koshland 1992; Culotta und Koshland 1992). Diese lebenswichtige Aktivität demonstriert eindrucksvoll, dass Radikale auch zentrale physiologische Funktionen ausüben. Unphysiologisch hohe Konzentrationen von ROS und RNS können jedoch, wie im Folgenden aufgezeigt wird, direkt mit Biomolekülen reagieren, deren chemische Struktur verändern und, am Ende, zu deren Funktionsverlust führen. Die effektive Entscheidung, welche Richtung die Funktion der Radikale einschlägt, hängt ab von (1) der Konzentration, (2) der exakten chemischen Struktur und (3) dem Ort des Entstehens (Halliwell und Gutteridge 1999). Unter normalen physiologischen Bedingungen hält die Zelle ein fein abgestimmtes Gleichgewicht zwischen der Entstehung und der Beseitigung von ROS und RNS aufrecht. Wenn die Balance dieser intrazellulären Redoxhomöostase gestört ist, akkumulieren die Radikale und verursachen Schaden. Der Terminus *oxidativer Stress*, zuerst geprägt von dem deutschen Biochemiker Helmut Sies (Sies 1986), fasst die negativen Veränderungen und möglichen Schäden, die infolge der pathophysiologischen Störung des intrazellulären Redoxgleichgewichts auftreten können, treffend zusammen.

Wie für das mit der Alzheimer-Krankheit assoziierte Aβ-Protein, das in den sog. senilen Plaques vorkommt, gezeigt wurde, kann oxidativer Stress auch von äußeren pathologischen Faktoren hervorgerufen werden. Das etwa 40 Aminosäuren große Aβ interagiert mit der Membran der Neuronen und aktiviert dort assoziierte NADPH-Oxidasen, was zur Produktion von Superoxid und anschließend Wasserstoffperoxid führt (Behl et al. 1994). Zuletzt sind die intrazellulären Peroxide das Substrat für die Bildung der hoch reaktiven Hydroxylradikale, die dann Membranlipide und Proteine oxidieren und zur Zerstörung der Nervenzellmembran und zum Absterben kultivierter Nervenzellen führen.

Die Entfernung und Detoxifizierung von Radikalen, bevor sie akkumulieren und Schaden verursachen, wird von enzymatischen und nichtenzymatischen Systemen bewerkstelligt. Die wasserlösliche Ascorbinsäure (Vitamin C) und das fettlösliche α-Tocopherol (Vitamin E) sind Antioxidanzien, die direkt chemisch mit ROS interagieren. Andererseits sind Enzyme wie die Superoxiddismutase, die Katalase und das Glutathion/Glutathion-Peroxidase/Glutathion-Reduktase-System von großer Wichtigkeit (Moosmann und Behl 2002). Wie oben in Abb. 3.14 gezeigt, kann Superoxid in Wasserstoffperoxid überführt werden, eine Reaktion, die von der Kupfer-Zink-Superoxiddismutase (Cu-Zn-SOD) katalysiert wird, einem Schlüsselmolekül der enzymatischen oxidativen Abwehr. Zusätzlich zur Cu-Zn-SOD, die primär im Zytoplasma lokalisiert ist, existiert in Mitochondrien eine Mangan-Superoxiddismutase (Mn-SOD; Perry et al. 2010). Mutationen besonders in der Cu-Zn-SOD sind die molekulare Ursachen einer Reihe familiärer (genetischer) Formen einer progressiven degenerativen Motorneuronenerkrankung, der amyotrophen Lateralsklerose (ALS; Liscic und Breljak 2011). Mutationen in den Genen, die für antioxidative Enzyme codieren, können also zum Ausfall oder der Veränderung von enzymatischen Funktionen führen, die dann die Akkumulation von ROS und RNS und oxidativen bzw. nitrosativen Stress auslösen. Es sollte hier erwähnt werden, dass zumindest für die ALS-Fälle mit einer Mutation in der SOD der kausale Zusammenhang zwischen Genmutation/Proteinfunktion und der Krankheit so einfach nicht ist. Generell sind Genmutationen, die Belastungen mit freien Radikalen und dadurch Krankheiten auslösen, selten; von weitaus größerem Interesse sind die vielen exogenen Faktoren, die oxidativen und nitrosativen Stress induzieren. Die wichtigsten äußeren Bedingungen in diesem Zusammenhang sind UV-Licht, das Rauchen, chronische bakterielle Infektionen und verschiedene Umweltgifte.

Ein prominentes Beispiel eines Umwelttoxins, das Pestizid Rotenon, verursacht oxidativen Stress und ebenso die Symptome der Parkinson-Erkrankung (*Parkinson's disease*, PD). Die Pathogenese der PD beinhaltet oxidativen Stress infolge mitochondrialer Dysfunktion, Aggregation des Proteins α-Synuclein, eine gestörte Proteinqualitätskontrolle, Exzitotoxizität und Inflammation. Verschiedene Labore haben gezeigt, dass durch die Applikation von Rotenon in Tiermodellen die für PD typischen pathologischen Merkmale induziert werden. Rotenon ist ein gut beschriebener Inhibitor des mitochondrialen Komplex I der Atmungskette. Interessanterweise imitiert das Rotenonmodell der PD viele klinische Symptome der idiopathischen (altersassoziierten sporadischen) PD und entwickelt den typischen langsamen, aber fortschreitenden Verlust dopaminerger Neurone sowie die Bildung von Lewy-Körperchen (Proteinaggregaten) im nigral-striatalen System (Xiong et al. 2012). In diesem Modell der PD wird also ein direkter kausaler Zusammenhang zwischen mitochondrialem oxidativem Stress und Neurodegeneration aufgezeigt. Folgerichtig könnten Maßnahmen, die sich auf die mitochondriale Instabilität bei PD richten, zu neuen präventiven und therapeutischen Ansätzen führen (Moosmann und Behl 2002; Mocko et al. 2010; Jones et al. 2012). Ein Eingriff in die Atmungskette in den Mitochondrien, wie z. B. durch die Inhibition von Komplex I durch Rotenon, kann also einen immensen Fluss freier Sauerstoffradikale verursachen. Und, wie mit dem Rotenon-Parkinson-Paradigma klar gezeigt, die Induktion von oxidativem Stress kann direkt der PD ähnliche Krankheitssymptome auslösen. Aber kann oxidativer Stress auch direkt den Alterungsprozess beeinflussen? Zumindest wurde in einer Vielzahl von Untersuchungen gezeigt, dass gealtertes Gewebe einen höheren oxidativen Status aufweist, d. h. viele der Biomoleküle oxidiert sind und ihre Funktion verloren haben (Stadtman 2006). Als nächstes soll ein genauerer Blick auf Biomoleküle als Zielscheibe für die Oxidation, die Konsequenzen für die Struktur und, noch wichtiger, für funktionelle Veränderungen durch die Oxidation durch ROS und RNS aufzeigen.

Oxidation zellulärer Biomoleküle, Lipide, Proteine und Nukleinsäuren In den Membranen aller Zellen sind ungesättigte Fettsäuren (**Lipide**) Bestandteile der Phospholipide, die die Membrandoppelschicht aufbauen. Ungesättigt bedeutet, dass diese Fettsäuren eine oder mehrere Doppelbindungen in ihrem hydrophoben Schwanz aufweisen. Diese Doppelbindungen sind ideale Ziele für die Oxidation, die in der Bildung sog. Lipidperoxide resultiert (Abb. 3.15). Die Fettsäureschwänze der Phospholipide sind strukturelle Schlüsselkomponenten für die biophysikalischen Eigenschaften der Membrandoppelschicht und die Bildung von Lipidperoxiden führt zu einer generellen Verhärtung der Zellmembran. Da deren Fluidität entscheidend für die Funktion der Proteine in und an der Membran ist, kann diese strukturelle Veränderung weitreichenden Einfluss auf die Zellfunktion

Abb. 3.15 Oxidationsprodukte von Biomolekülen. ROS und RNS reagieren chemisch mit Lipiden, Proteinen und Nukleinsäuren (*DNA* und *RNA*), was zur Zerstörung oder Dysfunktion der Makromoleküle führt. Beispielsweise bilden oxidierte Proteine leicht Aggregate, die in der Zelle akkumulieren können oder oxidativ modifizierte DNA kann zu Mutationen und in der Folge zur Tumorbildung führen

haben. Noch kritischer sind nachfolgende Kettenreaktionen der Lipidperoxide und die Zerstörung der Membran, die dann zum Zelltod führt. Das mit der Pathologie der AD assoziierte Aβ-Protein ist in der Lage, Lipidperoxidation in neuronalen Membranen und dadurch oxidativen Zelltod zu verursachen (Behl et al. 1994; Mattson 2009). Zusammengenommen kann ein oxidativer Angriff auf die Membranlipide also unmittelbare schädliche Auswirkungen haben und die Zellmembran regelrecht zusammenbrechen lassen. Man sollte sich dabei vor Augen halten, das die Lipid-Protein-Doppelschicht, aus der die Membran besteht, die effektive Grenze der Zelle zum extrazellulären oxidativen Milieu darstellt, die permanent oxidativen Angriffen sowohl von der Außen- wie von der Innenseite der Zelle ausgesetzt ist.

Während Membranlipide, insbesondere die Zielscheiben der Oxidation, die Fettsäuren, in ihrer chemischen Struktur recht simpel sind, sind **Proteine**, die aus Aminosäuren mit strukturell unterschiedlichen Seitenketten bestehen, weitaus komplexer und die möglichen Reaktionen von ROS und RNS mit diesen Seitenketten divers. Mehr als die Hälfte der 20 proteinogenen Aminosäuren kann mit ROS in spezifischer Weise reagieren. Da die Integrität der Aminosäureseitenketten entscheidend für die Kräfte und Wechselwirkungen ist, die für die dreidimensionale Proteinstruktur und folglich die korrekte Funktion verantwortlich sind, kann die Oxidation von Aminosäureseitenketten die Proteinkonformation und -funktion signifikant verändern. Im Verlauf der Reaktion von ROS mit Aminosäureseitenketten können noch reaktivere Gruppen (z. B. Aldehydgruppen) gebildet werden, die dann selbst weitere Oxidationsreaktionen mit anderen Seitenketten des Proteins oder benachbarten Proteinen antreiben; letzteres führt zur Vernetzung von Proteinen. Solche Vernetzung von ganzen Proteinen zerstört natürlich deren Funktion und kann letztlich zur Bildung größerer Proteincluster führen. Hochmolekulare Proteincluster sind, abhängig von ihrer Größe und ihrem Aggregationsstatus, Substrate für den Proteinabbau via Proteasom oder Autophagie. Häufig, und insbesondere unter permanent oxidativen Bedingungen, wie sie während der Alterung vorkommen können, kann die Zelle größere Proteinaggregate nicht länger bewältigen, sodass diese innerhalb der Zelle deponiert werden. Solche altersassoziierten Ablagerungen, chemisch gesehen eine Mischung von oxidierten Proteinen, Lipiden und anderen Komponenten, findet man in Zellen der Haut, des Nervensystems, der Leber und anderer Organe und werden mit dem unspezifischen Begriff Lipofuscin oder Alterspigment bezeichnet. Von der Bildung von Lipofuscin innerhalb von Zellen wurde gezeigt, dass sie mit der Lebensdauer postmitotischer Zellen zusammenhängt. Die tatsächliche Menge akkumulierten Lipofuscins scheint vom Ausmaß der Proteinoxidation und der Effektivität der zellulären Protein-*Turnover*-Mechanismen abhängig zu sein (Jung et al. 2007). Erhöhte Spiegel an oxidierten Proteinen findet man bei verschiedenen altersassoziierten Krankheiten einschließ-

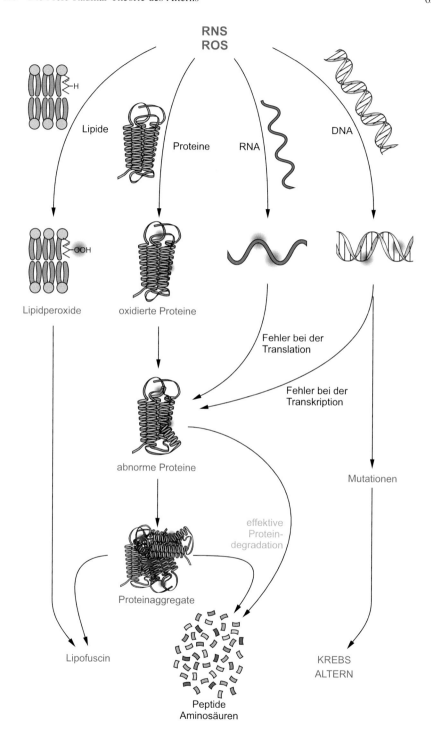

RNS
ROS

Lipide

Proteine

RNA

DNA

Lipidperoxide

oxidierte Proteine

Fehler bei der
Translation

Fehler bei der
Transkription

abnorme Proteine

Mutationen

effektive
Protein-
degradation

Proteinaggregate

Lipofuscin

Peptide
Aminosäuren

KREBS
ALTERN

lich Arteriosklerose, mehreren neurodegenerativen Erkrankungen (AD, PD, ALS) und auch in Katarakten, einer sichtbaren Trübung der Augenlinse, die zum Verlust der Sehkraft führt. Innerhalb der Zelle werden Proteine zum großen Teil abgebaut, was zur Freisetzung ihrer Bausteine, der Aminosäuren, führt, die dann wieder zur Proteinsynthese verwendet werden können. Die Tatsache, dass oxidierte Proteine im Inneren der Zelle akkumulieren, legt nahe, dass der Proteinabbau nur wenig effizient funktioniert (zur Beschreibung der zwei Haupt-Proteindegradationssysteme, des Proteasoms und der Autophagie, s. die Diskussion zu Proteostase und Altern, Abschn. 3.7). Die Lipofuscin-Protein-Lipid-Partikel können recht einfach mit mikroskopischen Methoden betrachtet werden, da sie autofluoreszieren. In Zellkulturen und sogar in ganzen Organismen, C. elegans z. B., werden sie daher als Altersmarker verwendet (Dunlop et al. 2009). Man kann zusammenfassen, dass oxidierte Proteine in alternden Zellen häufig vorkommen. Oxidierte Proteine werden dysfunktional und können den Degradationsmechanismen entkommen, was zur intrazellulären Proteinakkumulation führt, einem wichtigen Kennzeichen vieler altersbedingter Erkrankungen. Es muss erwähnt werden, dass nicht nur die Oxidation von Proteinen zu ihrer intrazellulären Akkumulation führen kann, sondern auch Genmutationen, die die Entstehung von Proteinen mit einem erhöhten Aggregationspotenzial zur Folge haben, z. B. mutiertes Huntingtin bei der Huntington-Krankheit. Die Rolle der Proteinoxidation als Resultat von altersassoziiertem oxidativen Stress für den Alterungsprozess ist hervorragend zusammengefasst in einem Übersichtsartikel von Earl Stadtman, der konstatiert (Stadtman 2006): „Die Bedeutung der Proteinoxidation für die Alterung wird gestützt von der Beobachtung, dass die Spiegel an oxidierten Proteinen mit dem Alter der Tiere ansteigen. Die altersbedingte Akkumulation oxidierter Proteine könnte den altersbedingten Anstieg in den Bildungsraten von ROS, eine Verringerung der antioxidativen Aktivitäten oder Verluste in der Kapazität zum Abbau oxidierter Proteine widerspiegeln."

Im Hinblick auf die Proteinoxidation muss außerdem angeführt werden, dass eine weitere charakteristische und krankheitsrelevante Konsequenz von oxidativem Stress in Geweben in der sog. Glykooxidation besteht, der Bildung von Zucker-Protein-Vernetzungsprodukten. Glykooxidation, die chemische Addition von Zucker (Glukose) an Proteine, ist irreversibel und resultiert letztendlich in der Entstehung von sog. *advanced glycation end products* (AGE). Am häufigsten sind AGE in Diabetes-mellitus-Patienten zu finden, wo ein konstant höherer Spiegel an Glukose zu deren Addition an Hämoglobin führt. Dieses oxidierte Hämoglobin (HbA1c) ist bei unbehandeltem Diabetes erhöht und wird als diagnostischer Serummarker genutzt. Während HbA1c ein Beispiel für ein einzelnes AGE ist, das zu dysfunktionalem Hämoglobin und gesundheitlichen Konsequenzen führt, bilden AGE, die durch die Oxidation von Membranproteinen auf der extrazellulären Seite entstehen, ganze Netzwerke, was zur Versteifung des Gewebes führt. Diese ist in den Wänden der Blutgefäße extrem relevant und kann in Fehlfunktion und Krankheit münden (Gkogkolou und Böhm 2012). In älteren Patienten mit einem chronisch erhöhten Blutzuckerspiegel in Kombination mit natürlich vorkommendem, altersassoziierten oxidativem Stress, führt die Bildung von AGE zu dem Phänomen, das als bräunliche Färbung in der *Post mortem*-Analyse beobachtet werden kann. Es ist leicht vorstellbar, dass die lebenslange Problematik unserer Gewebe mit ROS und oxidativem Stress in gealterten Organismen zu Gewebeschäden führt.

Die wichtigsten **Nukleinsäuren** in unseren Zellen sind die Desoxyribonukleinsäure (DNA) und die Ribonukleinsäure (RNA) als Träger und Überträger der genetischen Information. Hauptsächlich die Nukleinsäurebasen weisen eine Reihe oxidierbarer Einheiten auf, aber ROS können ebenso das Glukose-Phosphat-Rückgrat dieser Makromoleküle attackieren. Wie auch bei anderen Biomolekülen beeinflusst die Oxidation der DNA deren Struktur und Funktion, wobei die bedeutendsten Änderungen der DNA-Struktur aus der Oxidation der Basen resultieren. Darüber hinaus kann die Oxidation der DNA zu Strangbrüchen sowie zu Vernetzungen sowohl zwischen DNA-Strängen als auch innerhalb der doppelsträngigen DNA-Helix führen (inter- und intramolekulare *Crosslinks*). Oxidationsreaktionen können außerdem das chemische Anheften von Proteinen an die DNA (DNA-Protein-*Crosslinks*) zur Folge haben. All diese oxidationsbasierten DNA-Modifikationen können die Quelle von Mutationen sein und werden in einer breiten Palette von Krebs- und anderen Erkrankungen gefunden. Eine sehr häufige DNA-Modifikation ist die Oxidation von Desoxyguanosin zu 8-Hydroxydesoxyguanosin (8-OHdG). Unter den Basen, die in der DNA vorkommen (Adenin, Guanin, Cytosin, Thymin; AGCT) ist Guanin am anfälligsten gegenüber Oxidationen (Jena 2012).

Wie bereits zu Anfang dieses Buchbands erwähnt, ist die Stabilität des Genoms eines der Schlüsselthemen des Lebens und die korrekte Struktur und Funktion der DNA werden als Teil des Zellzyklus streng kontrolliert (p53, Rb). Bei Schädigung der DNA geht eine Zelle eher in den programmierten Zelltod als mit der Zellteilung fortzufahren und eine potenziell schädliche Mutation weiterzutragen. Da die Integrität der DNA ein zentrales Anliegen der Zelle ist, haben sich unterschiedliche Reparaturmechanismen entwickelt, die strukturelle Veränderungen revertieren und die korrekte Struktur in vielen Fällen wiederherstellen können. Falls sowohl die Reparatur als auch die Beseitigung der Zelle, die die geschädigte DNA aufweist, während des Zellzyklus fehlschlagen, werden der Schaden und/oder Mutationen von der Mutter- auf die Tochterzelle übertragen, was zur Tumorentwicklung führen kann (s. Abschn. 2 und 3.2; Alberts et al. 2014; Curtin 2012).

Evolutionäre Aspekte der Oxidation von Makromolekülen Hinsichtlich der Lebensdauer verschiedener Spezies und des Ausmaßes des Oxidationsdrucks, d. h. der Akkumulation von ROS und oxidativem Stress, kann man eine interessante Korrelation beobachten: In Zellen von Tieren mit langer Lebensdauer werden biochemische Komponenten benutzt, die resistenter gegenüber Oxidation sind. Dies trifft auch auf den Menschen zu, speziell auf Gewebe mit – aufgrund ihres hohen Sauerstoffumsatzes – hoher mitochondrialer ROS-Produktion wie Herz und Gehirn. Evolutionsbiologie und Physik sagen uns, dass vor ungefähr 2,3 Mrd. Jahren auf der Erde die „große Sauerstoffkatastrophe" hereinbrach, d. h. sich in der Erdatmosphäre Sauerstoff anzureichern begann und aerobes Leben zu dominieren. Die andauernde Anwesenheit von Sauerstoff und die biochemischen Reaktionen, die Sauerstoff in der Atmungskette verwenden, um Energie in der Form von ATP herzustellen, waren ein Selektionsdruck und Evolutionsmotor und sind es noch immer. Man könnte

sagen, die dauernde Produktion von ROS und der resultierende oxidative Stress sind
der Preis, den aerobe Organismen zahlen müssen. Auf der Ebene einzelner Moleküle hat der permanente oxidative Druck seine evolutionären Spuren hinterlassen,
die man heute noch findet. Es ist gut beschrieben, welche Arten oxidativer Modifikationen in den reaktiven Aminosäureseitenketten in Proteinen vorkommen können
(Stadtman 2006). Einige Aminosäuren werden, wenn sie oxidiert werden, irreversibel verändert, bei anderen kann die Oxidation enzymatisch rückgängig gemacht
werden (z. B. bei Methionin durch die Methioninsulfoxidreduktase). Interessanterweise ist die Verwendung der teilweise irreversibel oxidierbaren Aminosäure
Cystein in den Proteinen, die sich in räumlicher Nachbarschaft zu Orten der ROS-
Bildung befinden, limitiert. Ein Vergleich der Frequenz des Cysteinvorkommens
in Proteinen, die vom mitochondrialen Genom aerober Organismen codiert werden,
mit dem in mitochondrialen Proteinen, die im Kern codiert sind, brachte einen wichtigen Unterschied zu Tage: Cystein ist in mitochondrial codierten Proteinen extrem
unterrepräsentiert. Andere Aminosäuren, die Cystein in bestimmten Parametern
vergleichbar sind, und besser mit oxidativen Angriffen fertig werden können, wie
Methionin und Tryptophan, können sogar als antioxidativ wirksame Aminosäuren
bezeichnet werden und kommen weit häufiger in mitochondrial codierten Proteinen vor (Moosmann und Behl 2008). Aufgrund dieser Ergebnisse könnte man
sagen, dass die permanent oxidative Umgebung in den Mitochondrien ihre Spuren in diesen Proteinen hinterlässt. Man könnte dies auch als eine Art struktureller
evolutionärer Adaptation an oxidativen Stress in Zellen bezeichnen. Noch inter-
essanter ist die Verknüpfung der Cysteindepletion mit der Lebensdauer. Wenn man
aerobe Spezies von *C. elegans* bis *Homo sapiens* vergleicht, stellt sich heraus, dass
das Ausmaß der Cysteindepletion direkt mit der maximalen Lebensdauer der entsprechenden Spezies korreliert. Je geringer die Menge an Cystein in Proteinen,
die vom mitochondrialen Genom codiert werden, ist, desto höher ist die maximale
Lebensdauer (Abb. 3.16; Moosmann und Behl 2008; Schindeldecker et al. 2011).
Tatsächlich ist diese Korrelation so stark, dass bei der Betrachtung eines speziellen
Proteins (z. B. der „*core unit*" von Komplex IV der Atmungskette) die maximale Lebensdauer auf der Grundlage der Anzahl an Cysteinen direkt vorhergesagt werden
kann. Die Tatsache, dass oxidativer Stress spezifische biochemische Fußabdrücke
hinterlässt, stützt die Freie-Radikal-Theorie des Alterns nachhaltig. Es gibt außerdem überzeugende Daten, dass der oxidative Stress auch direkt den genetischen
Code der Mitochondrien geformt hat; zudem findet man eine adaptive antioxidative Akkumulation von Methionin in den Komplexen der Atmungskette (Bender
et al. 2008). Neben diesen evolutionären Aspekten und der Korrelation mit der
Lebensdauer könnte die Oxidation von Cysteinen auch direkt mit der Pathogenese altersbedingter Krankheiten wie der Parkinson-Krankheit in Verbindung stehen
(Meng et al. 2011).

Besonders das Gehirn ist, was oxidativen Stress und oxidative Schäden betrifft,
extrem suszeptibel. Dies ist teilweise auf den hohen Lipidgehalt der neuronalen
Membranen infolge der Funktion der Nervenzellen zurückzuführen, deren Aufgabe es ist, elektrische Signale über Distanzen hinweg zu übertragen (Neurotransmission). Es ist einsichtig, dass dies weit besser erreicht werden kann, wenn der

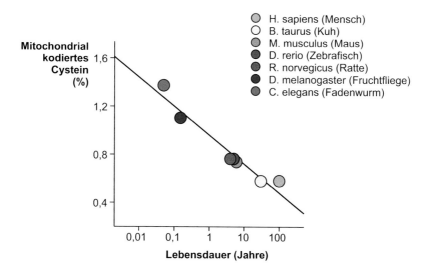

Abb. 3.16 Korrelation von mitochondrial codiertem Cystein und der Lebensdauer. Halblogarithmische lineare Korrelation der maximalen Lebensdauer und dem Cysteingehalt in mitochondrial kodierten Proteinen für die angegebenen Spezies

Proteingehalt in der Zellmembran geringer ist im Vergleich zu anderen Zelltypen, beispielsweise Hepatozyten, mit anderen zellulären und metabolischen Funktionen. Zudem weisen Neuronen einen geringeren Gehalt an antioxidativen Enzymen und Verteidigungssystemen auf (Halliwell und Gutteridge 1999). Werden Nervenzellen durch oxidativen Stress geschädigt, sterben sie via Apoptose oder Nekrose ab und sind somit für immer verloren. Im Unterschied dazu haben z. B. Erythrozyten eine definierte Lebensdauer von etwa 4 Monaten; sie häufen oxidative Schäden an, werden aber regelmäßig aus Stammzellen des Knochenmarks in einer komplexen Abfolge von Ereignissen, der Erythropoese, ersetzt. Sowohl Nervenzellen als auch Erythrozyten teilen sich nicht mehr und sind postmitotische, differenzierte Zellen. Verlorene Nervenzellen können nicht ersetzt werden, da es, im Vergleich zu anderen Geweben (Erythrozyten, Schleimhautzellen, Hepatozyten), kein signifikantes quantitatives Regenerationspotenzial gibt. Nervenzellen verliert ein Gehirn beispielsweise, wenn es einen Schlaganfall erleidet, der eine Sequenz von pathologischen Ereignissen von oxidativem Stress zu Entzündungsreaktionen und Apoptose in Gang setzt. Ebenso ist dies der Fall bei chronisch neurodegenerativen Erkrankungen, bei denen oxidativer Stress als ein Grund für den Nervenzelltod diskutiert wird (Behl und Moosmann 2002; Dasuri et al. 2013). All diese strukturellen und sogar evolutionären Konsequenzen von oxidativem Stress sind leicht vorstellbar. Oxidative Modifikationen verändern die Struktur und Funktion von Biomolekülen, was in den meisten Fällen zu Schädigung und Dysfunktion führt. Anhaltender oxidativer Stress wird durch akkumulierenden Gewebeschaden reflektiert, der verschiedene Organsysteme betrifft und letztlich Multimorbidität verursacht.

Die ursprüngliche wie auch die aktualisierte Freie-Radikal-Theorie des Alterns sehen die akkumulierende Schädigung der Biomoleküle als den primären Grund für das Altern und altersassoziierte Veränderungen an (Balaban et al. 2005). Bei Durchsicht der Literatur stellt man fest, dass eine wachsende Zahl an Wissenschaftlern jedoch die Richtigkeit dieser Alternstheorie anzweifelt und sich dabei auf neue experimentelle Beweise beruft. Ausgewählte Beispiele sollen hier genannt werden: Der indirekte Ansatz, die Freie-Radikal-Theorie des Alterns zu beweisen, indem Tiere mit Antioxidanzien gefüttert wurden, zeigte keinen signifikanten lebensverlängernden Effekt (Strong et al. 2008). Mehr noch – obwohl dies kontraintuitiv ist – kann eher die experimentelle Abschwächung des enzymatischen antioxidativen Verteidigungssystems zu einer geringen Verlängerung der Lebensdauer führen (Ran et al. 2007). Es könnte sein, dass sich herausstellt, dass die Verlängerung der Lebensdauer durch Supplementation mit Antioxidanzien für höhere Organismen einschließlich des Menschen keine Relevanz besitzt. Nichtsdestoweniger könnten eine Nahrungsergänzung mit Antioxidanzien und ausgewählte Ernährungskomponenten für verschiedene Aspekte altersbedingter funktioneller Veränderungen von Vorteil sein und am Ende, wenn nicht die Lebensdauer, so doch einen gesunden Stoffwechsel und die Lebensqualität befördern (Roth et al. 2007; Pan et al. 2012; Horcajada und Offord 2012). Nur einige der Nahrungskomponenten wie Flavonoide wirken als Antioxidanzien, indem sie direkt freie Radikale abfangen; andere Bestandteile unseres Essens könnten auch auf der molekularen Ebene durch die Modifikation der Genexpression wirksam sein. Diese genetischen und transkriptionellen Effekte werden in dem recht neuen Forschungsfeld der *Nutrigenomik* untersucht.

Aber zurück zur allgemeinen Akzeptanz der Freie-Radikal-Theorie des Alterns. Generell wird kritisiert, dass nur wenige Studien tatsächlich das Endergebnis von oxidativem Stress gemessen haben, also die direkte oxidative Schädigung der Gewebe, denn verschiedene experimentelle Systeme haben sich eher mit der Detektion der Bildung von ROS befasst (im Überblick: Austad 2010). In dieser sehr kritischen Ansicht räumt Steven Austad einerseits ein, dass die Verringerung der oxidativen Belastung von Vorteil für einige Gewebe sein kann und dass oxidativer Stress mit vielen altersbedingten Krankheiten in Zusammenhang gebracht wird. Aber im Hinblick auf eine direkte Verbindung des Alterns mit freien Radikalen und oxidativem Stress schreibt er: „[...] als eine allgemeingültige Erklärung für den Grad des Alterns oder dessen Modulation gibt es wenig Anhaltspunkte" (Austad 2010). Diese Äußerung ist ziemlich deutlich und zweifelt natürlich die Freie-Radikal-Theorie des Alterns an. Aber wie so oft im Leben könnte die Wahrheit irgendwo dazwischen liegen und wenn man die Schädigung durch oxidativen Stress in Zellen mit der Oxidation von Metall (dem Rosten) vergleicht, ist die Theorie faszinierend, einsichtig und leicht nachzuvollziehen. Aber es gibt einen großen Unterschied zwischen totem Material (z. B. dem Kotflügel ihres alten Autos) und lebenden Zellen: Zellen können in gewissem Maß reagieren und sich an äußere und innere Probleme und Stressbedingungen adaptieren. Neuronale Zellen in Kultur können sich an Oxidanzien im Kulturmedium recht einfach anpassen und es konnten $A\beta$-Protein-, Glutamat- und Wasserstoffperoxid-resistente Zellen etabliert werden, was zeigt, dass lebenswichtige Anpassungen an Herausforderungen von außen möglich sind.

Die Freie-Radikal-Theorie des Alterns unter Stressbedingungen und ROS als protektive Signale Aufgrund des permanenten oxidativen Drucks, der im ganzen Körper sowohl intern (durch Mitochondrien und Enzyme) als auch extern (durch die Aufnahme von Sauerstoff) erzeugt wird, haben Zellen unterschiedliche adaptive Strategien einschließlich der erhöhten Expression von antioxidativen Enzymen entwickelt. Der Bildung von freien Radikalen wurde aber in der Tat auch eine maßgebliche protektive Rolle zugesprochen, da ROS über die Aktivierung redoxsensitiver Transkriptionsfaktoren (z. B. NF-kappa B) auch die Gentranskription beeinflussen. Neue Forschungsbemühungen gehen sogar noch weiter und befassen sich mit der Möglichkeit, dass ROS direkte vorteilhafte Aktivitäten aufweisen, indem sie eine ganze Reihe intrazellulärer Prozesse modulieren. Wenn man dies in Betracht zieht, ist die traditionelle Sicht der Freie-Radikal-Theorie des Alterns, dass der Alterungsprozess zumindest teilweise eine Konsequenz akkumulierter oxidativer Schädigung ist, in Frage gestellt. Die genetische Depletion der Superoxiddismutase (SOD) als dem zentralen entgiftenden Enzym, das Superoxidradikale in Wasserstoffperoxid umwandelt, verändert die Lebensdauer in *C. elegans* nicht. Diese und andere experimentelle Daten könnten darauf hindeuten, dass ein moderater Anstieg des durch Superoxid bedingten oxidativen Stresses zu einer adaptiven, protektiven Antwort im Sinne eines „Überlebenssignals" führt (Van Raamsdonk und Hekimi 2012). Solche Ergebnisse stellen darüber hinaus den Blickwinkel infrage, dass die endogene Produktion von ROS der einfache und einzige Grund für das Altern ist (Liochev 2013). Tatsächlich können verschiedene Zelltypen hoch reaktiv in ihrer adaptiven Antwort sein. In Zellkulturmodellen ist es recht einfach, zelluläre Subklone herzustellen, die komplett resistent gegenüber hohen Konzentrationen an Wasserstoffperoxid oder oxidativen Stress induzierenden Neurotoxinen sind, indem man diese Bedingungen einige Zeit aufrechterhält und überlebende Zellklone selektiert. Schon 1994 zeigten die Arbeiten des Autors, dass sich Phäochromozytomzellen aus der Ratte (aus einem neuroendokrinen Rattentumor; PC12-Zellen) an oxidativen Stress anpassen und eine vollständige Resistenz gegenüber Oxidation induzierenden Agenzien einschließlich Wasserstoffperoxid entwickeln können (Behl et al. 1994). In jüngerer Zeit wurden hippocampale Zellklone aus Mäusen generiert, die resistent gegenüber Wasserstoffperoxid und/oder Glutamat sind und ein breiteres Spektrum der Adaptation einschließlich der Hochregulation lysosomaler Abbauwege zeigen (Clement et al. 2009, 2010). Sogar sich nicht mehr teilende postmitotische Zellen können in Kultur resistenter gegenüber schädigenden Agenzien werden, wenn sie eine erste subtoxische Dosis des entsprechenden Toxins überleben, frei nach der alten Weisheit „was dich nicht umbringt, macht dich stärker". In physiologischerem Kontext wurden solch adaptive Antworten auch in Hirnregionen detektiert, die in Alzheimer-Patienten von der Degeneration verschont bleiben (Greeve et al. 2000).

Wenn man die Freie-Radikal-Theorie des Alterns auf der Basis dieser neuen experimentellen Daten und Ansichten noch einmal überdenkt, muss man anerkennen, dass sie eine Theorie bleibt, die starke Effektoren beschreibt, die den Alterungsprozess modulieren. ROS und RNS sind nicht die einzigen Induktoren des Alterungsprozesses; es muss ihnen jedoch eine Rolle dabei eingeräumt werden und sicherlich zählen sie zu den relevanten Signalen, die abhängig von ihrer tatsächlichen Konzentration und der adaptiven Historie der Zellen und Gewebe nachteilig oder von Vorteil sein können. Darüber hinaus sind die Bildungsrate und der metabolische Umsatz der einzelnen Spezies wichtig. Was die Richtigkeit und Relevanz der Freie-Radikal-Theorie des Alterns betrifft, könnte man sagen, noch ist das Pendel in Bewegung. Zunächst auf der Seite, die die freien Radikale als zentrale Ursache des Alterns ansieht, schwingt es nun zur anderen Seite, die freie Radikale als einfache Nebenprodukte des Alterungsprozesses ohne signifikanten Einfluss auf die Ursachen deklariert. Mit großer Wahrscheinlichkeit ist oxidativer Stress ein wichtiger Teil eines komplexeren Netzwerks von Effektoren (Abb. 3.25). Die nächste Alternstheorie, die noch recht neu ist, könnte ebenso Teil eines komplexen Netzwerks des Alterns sein. Es wurde schon mehrfach erwähnt, dass eine Zelle eine Menge investiert, um die Stabilität ihres Genoms aufrechtzuerhalten und eher abstirbt, als eine vielleicht schädliche genomische Änderung (Mutation) zu propagieren. Der nächste Abschnitt befasst sich mit der Rolle der Aufrechterhaltung des intakten und funktionellen Proteoms und dem Zusammenhang von Proteinqualitätskontrolle, Altern und altersassoziierten Krankheiten. Und hier werden wir wieder dem oxidativen Stress begegnen.

3.7 Proteinqualitätskontrolle und Altern

Von ebenso großer Bedeutung wie die Stabilität des Genoms ist die Aufrechterhaltung und Kontrolle des Proteoms – *per definitionem* die Gesamtheit der Proteine, die zu einem Zeitpunkt in der Zelle vorhanden ist – von dem gezeigt ist, dass Veränderungen den Alterungsprozess beeinflussen. Proteine sind zu dreidimensionalen funktionellen Einheiten gefaltet, die die zelluläre Struktur aufbauen und als Transporter, Rezeptoren und Enzyme agieren. Die Faltung eines Proteins in seine dreidimensionale Konformation ist ein hochkomplexer Prozess, der von anderen Proteinen gelenkt und kontrolliert wird, die als Helferproteine fungieren, sog. Chaperone (engl. *chaperone*: Anstandsdame) und Ko-Chaperone. Da eine korrekte Faltung die Voraussetzung für eine korrekte Funktion ist (Abb. 3.17), führt die Fehlfaltung von Proteinen zu ihrer Fehlfunktion.

Je besser eine Spezies ihre funktionellen Einheiten, die Proteine, kontrolliert, und je länger die Proteinfunktion intakt bleibt, desto länger könnte die Lebenserwartung sein. Diese Arbeitshypothese wurde in verschiedenen Studien mit Nacktmullen und langlebigen Fledermäusen untersucht und teilweise bestätigt (Austad 2010). Um diese Resultate auf molekularer Ebene zu klären, wird im Labor des Autors der Einfluss von Stress (hier: Hitzestress) auf Proteine auf die Lebensspanne von *C. elegans* untersucht. Präliminäre Daten bestätigen in der Tat, dass Würmer, die den Hitzestress bewältigen und die Proteinstruktur (von Reporterproteinen) aufrechterhalten können, eine verlängerte Lebensspanne aufweisen im Vergleich zu *C. elegans*-Linien, in denen für die korrekte Proteinfaltung essenzielle Chaperone genetisch depletiert sind (Kern et al. 2010). Aber wie wird die Faltung von Proteinen

Abb. 3.17 Abhängigkeit der Funktion von der korrekten Faltung. Wie hier für Papierschiffchen gezeigt, gilt dies ebenso für zelluläre Proteine

konkret bewerkstelligt und kontrolliert, und was passiert, wenn Proteine, z. B. durch Oxidation, modifiziert werden? Im Kontext dieses Buchs wenden wir uns der Frage zu, ob die Proteinqualitätskontrolle während der Alterung verändert ist.

Ein genauerer – ultrastruktureller – Blick in das Zytoplasma zeigt, dass in der Zelle Proteine, Nukleinsäuren, Membranvesikel und Organellen dicht gedrängt vorliegen, und Proteine ständig Gefahr laufen, denaturiert zu werden. Veränderungen in genetischen und/oder Umweltfaktoren und -bedingungen, wie sie bei extrazellulären Schwankungen, unter pathologischen Bedingungen und während der Alterung vorliegen, greifen die Integrität der zellulären Proteinhomöostase (Proteostase) an. Die Kontrolle der Proteostase – bestehend aus Proteinfaltung, Rückfaltung (nach Denaturierung) und Degradation – unterliegt einem komplexen Netzwerk von mehreren hundert evolutionär hochkonservierten Proteinen. Von zentraler Bedeutung für dieses Kontrollnetzwerk sind molekulare Chaperone, Begleitproteine, die die Proteine schon im Verlauf ihrer Synthese in die richtige Form bringen, und die beiden zellulären Proteinabbausysteme, das Ubiquitin-Proteasom-System (UPS) und die Autophagie. Man kann sich leicht vorstellen, dass diese Schlüsselkomponenten für Proteinfaltung und -qualitätskontrolle ubiquitär, im gesamten Organismus, unabhängig vom Gewebetyp, exprimiert werden. Chaperonen ist denn auch im letzten Jahrzehnt große Aufmerksamkeit zuteil geworden. Um sich diese Klasse von Proteinen genauer ansehen zu können, sollen die wichtigste Chaperonfamilie, die Hitzeschockprotein-70(HSP70)-Familie, und ihre Regulatoren kurz eingeführt werden.

Die HSP70-Chaperon-Maschinerie, das Ubiquitin-Proteasom-System und die Autophagie HSP70-Proteine (es existieren zwei Formen: das induzierbare HSP70 und das verwandte, konstitutiv exprimierte HSC70) und ihre Komplexe sind in alle Prozesse der Proteostase involviert. Zunächst spielen sie eine Schlüsselrolle bei der korrekten dreidimensionalen Faltung von Proteinen. Falls Proteine durch z. B. Hitzeschock, zelluläre Stressbedingungen oder Schwermetalleffekte fehlgefaltet sind, haben diese Chaperonmoleküle die Kapazität, einen Rückfaltungsprozess zu leiten. Diese Rückfaltungsaktivität ist jedoch begrenzt, und bei einer zu schwerwiegenden und irreversiblen Fehlfaltung werden die Proteine – ebenfalls kontrolliert durch HSP70 – einem der zentralen Proteinabbausysteme zugeführt (Hartl und Hayer-Hartl 2002; Mayer und Bukau 2005; Bukau et al. 2006; zur Übersicht s. auch Morawe et al. 2012 und enthaltene Referenzen). Das Netzwerk aus Hitzeschock- und Chaperonproteinen wird seinerseits streng kontrolliert, hauptsächlich durch die Aktivität von Transkriptionsfaktoren. Durch äußere oder innere Stressbedingungen wird der Hitzeschock-Transkriptionsfaktor HSF1 aktiviert, was zur erhöhten Expression von Chaperonproteinen führt, die Zelle also in die Lage versetzt, die Chaperonkapazität schnell an Stress anzupassen. Wie bereits kurz erwähnt wurde, stellt das Ubiquitin-Proteasom-System (UPS) den Hauptmechanismus zum Proteinabbau dar. Das UPS ist entscheidend für den regulären *Turnover* von Proteinen; unterschiedliche Proteine besitzen unterschiedliche, festgelegte Halbwertzeiten, die sich zwischen Minuten und Monaten bewegen. Daher kann man sagen, dass das UPS den Metabolismus und den physiologischen Umsatz zytosolischer Proteine kontrolliert. Der Begriff UPS reflektiert, dass ein für den Abbau vorgesehenes Protein vor der Degradation durch einen spezifischen enzymatischen Prozess (Enzym: Ubiquitinligase) mit dem kleinen Protein Ubiquitin modifiziert und damit für den Abbau markiert wird. Das ubiquitinierte Protein wird dann auf den Multienzymkomplex des Proteasoms übertragen. Das Ergebnis des Degradationsprozesses ist die Spaltung der Aminosäurekette in ihre einzelnen Komponenten, die Aminosäuren, die dann wiederum zur Synthese neuer Proteine verwendet werden. Über den physiologischen Protein-Turnover hinaus trägt das UPS auch zum Abbau fehlgefalteter Proteine bei (Wilkinson et al. 1980). So effektiv das UPS als Multienzymkomplex agiert, weist es auch einige Limitationen auf. Die Voraussetzung für die Degradation von Proteinen durch das UPS ist die Entfaltung der dreidimensionalen Struktur. Unter ungünstigen und pathologischen Bedingungen kann die Menge fehlgefalteter Proteine jedoch hoch sein, zur Akkumulation und schließlich, aufgrund der unterschiedlichen nichtkovalenten Wechselwirkungen von Proteinabschnitten, zur Bildung intrazellulärer Aggregate führen. Solche hochmolekularen Proteinaggregate können vom UPS nicht abgebaut werden. Folgerichtig gibt es Bedarf für einen weiteren intrazellulären Abbauprozess, der auch mit größerem „Proteinabfall" fertig wird. Solch einen Weg für die Degradation von Proteinen und anderem intrazellulären Debris (z. B. beschädigten Mitochondrien, Pathogenen) gibt es in der Tat: die Autophagie.

Der Begriff Autophagie fasst generell die intrazellulären Abbauwege zusammen, die ihre Substrate Lysosomen, angesäuerten Kompartimenten mit hoher proteolytischer Aktivität, zuführen (Yang und Klionsky 2010). Einer dieser Abbauwege, der derzeit im Fokus vieler Forschergruppen weltweit steht, ist die sog. Makroautophagie. Bei der Makroautophagie wird das Substrat von einer spezifischen Membranstruktur, dem Autophagosom, umschlossen. Dieses fusioniert dann an einer Stelle mit dem Lysosom, wodurch das Autophagolysosom entsteht, in dem der enzymatische Abbau stattfindet. Makroautophagie kann hinsichtlich des degradierten Substrats recht unspezifisch erfolgen, aber ebenso auf spezifische Weise, dann wird diese als selektive Makroautophagie bezeichnet (Dikic et al. 2010; Wong et al. 2011; Gamerdinger et al. 2011a). Bei der selektiven Makroautophagie, die auf aggregierte Proteine abzielt, spielt wiederum HSP70 eine Rolle, indem das Substrat in erster Instanz durch HSP70 erkannt und an HSP70 gebunden wird (Abb. 3.18). Weitere Schritte führen dann zur Ansammlung von für den Abbau vorgesehenen Proteinen an einer bestimmten, häufig perinukleären, Stelle in der Zelle. Der Transfer der Substrate in den membrangesteuerten Autophagieprozess kann z. B. durch das Ko-Chaperon BAG3 (*BCL2-associated athanogene*; *athanogene* leitet sich vom griechischen Wort αθάνατος (unsterblich) ab) vermittelt werden; der Prozess wird dann als *BAG3-vermittelte selektive Makroautophagie* bezeichnet (Gamerdinger et al. 2009). Zusammenfassend: Ist die Zelle einem Ungleichgewicht des Proteostasenetzwerks ausgesetzt, das zu erhöhten Anforderungen an den Proteinabbau führt, hat sie zwei prinzipielle Möglichkeiten, Proteine zu degradieren (1) mithilfe von Proteasomen sowie (2) durch Autophagie (Abb. 3.19). Im Zuge der Alterung wie auch bei ver-

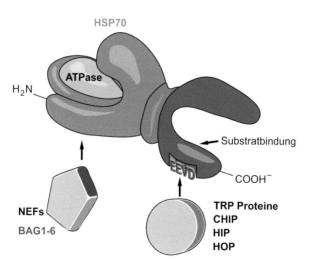

Abb. 3.18 Hitzeschockprotein 70, HSP70. Das Chaperonprotein HSP70 interagiert mit unterschiedlichen Ko-Faktoren und Ko-Chaperonen einschließlich TRP (*tetratricopeptide repeat domain*)-Proteinen, der Ubiquitin-Ligase CHIP (*C-terminus of HSC70-Interacting Protein*), HIP (*Hsp70-interacting protein*), HOP (*Hsp70/Hsp90 organizing protein*) und Nukleotidaustauschfaktoren (NEF, *nucleotide exchange factors*); eine Gruppe von NEF sind die Proteine der BAG-Familie. Abhängig von der jeweiligen Zusammensetzung des HSP70-Komplexes werden Proteinfaltung, -rückfaltung oder -degradation vermittelt

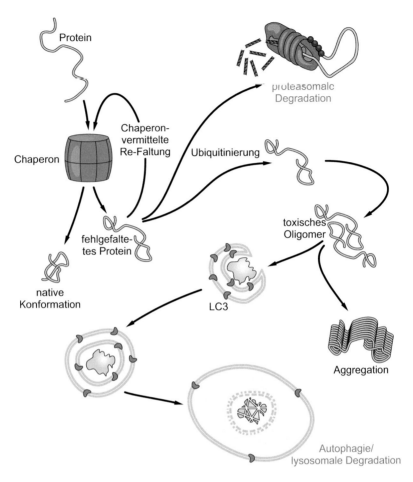

Abb. 3.19 Proteasomale und autophagische Degradation. Zelluläre Proteine besitzen eine bestimmte Halbwertzeit; abgebaut werden sie normalerweise von einem Multienzymkomplex, dem Proteasom. Fehlgefaltete Proteine können ebenfalls durch das Proteasom degradiert werden, für gewöhnlich, nachdem sie vorher ubiquitiniert wurden. Größere Konglomerate (toxische Oligomere, hochmolekulare Aggregate) können vom Proteasom nicht gehandhabt werden und werden über den lysosomalen Autophagieweg abgebaut

schiedenen Krankheiten kann die Proteostase akut oder chronisch gefordert sein; die Degradationsmaschinerie wird dann angeworfen, um eine übermäßige Akkumulation von Proteinaggregaten zu verhindern (David et al. 2010; Morawe et al. 2012).

Proteinqualitätskontrolle und Proteostase in alternden Zellen und Organismen
Chaperone (z. B. HSP70) und Ko-Chaperone (z. B. die BAG-Proteine) sind für die wirksame intrazelluläre Proteindegradation ausschlaggebend. Es ist von großem Interesse, diese Mechanismen im Kontext von Alterung und Krankheit zu unter-

suchen, da eine ganze Reihe altersassoziierter neurodegenerativer Krankheiten mit der Ausbildung von Proteinaggregaten einhergeht (Soto und Estrada 2008). Es ist außerdem notwendig, die molekularen Einzelheiten einer möglichen gewebsspezifischen Chaperonaktivität aufzudecken, da unterschiedliche Gewebe durchaus unterschiedliche Anforderungen an die Qualitätskontrolle von Proteinen haben könnten (z. B. Nerven- *vs.* Blutzellen). Das Labor des Autors hat dazu die Chaperonaktivität und -kapazität von Nerven- und Muskelgewebe in *C. elegans* im Vergleich untersucht. In der Tat weisen diese Gewebe unterschiedliche Proteinfaltungs- und -rückfaltungsaktivität auf, wenn die Würmer Hitzestress ausgesetzt sind. Es konnte gezeigt werden, dass Neuronen im Vergleich zu Muskelzellen besonders sensitiv auf Proteindenaturierung durch Hitzestress reagieren (Kern et al. 2010). Von großer Wichtigkeit ist außerdem eine mögliche Adaptation des Chaperonnetzwerks während des Alterungsprozesses, da Proteinaggregation und eine Störung der Proteostase charakteristisch für alte Zellen sind (David et al. 2010). Mehrere Studien mit Modellsystemen der Alternsforschung haben klar die Rolle von Chaperonen bei der Alterung eines Organismus aufgezeigt. Wurden *D. melanogaster* oder *C. elegans* wiederholt mildem Hitzestress ausgesetzt, war die Sterblichkeit beider Organismen erniedrigt, ein Phänomen, das von HSP70 vermittelt wird. Wird der Spiegel des Chaperons HSP70 experimentell erhöht, steigt auch die Lebensdauer des Wurms an (Tatar et al. 1997). Das Expressionsniveau von mRNA und Protein des Chaperons in alten Zellen wurde sowohl als auf Basishöhe befindlich als auch als erhöht beschrieben, aber in jedem Fall war die hitzestressvermittelte Induktion der Chaperonexpression und die Kontrolle der Proteostase in alten Zellen beeinträchtigt (u. a. Kaarniranta et al. 2009). Offensichtlich ist die basale Chaperonmaschinerie in alten Zellen noch vorhanden, ihre Reaktivität auf Stress von außen jedoch eingeschränkt. Wie oben bereits erwähnt wurde, wird bei Hitzestress die Transkription der Chaperongene durch den Transkriptionsfaktor HSF1 kontrolliert. Von HSF1 wurde beschrieben, dass der Faktor in alten Zellen ein eingeschränktes DNA-Bindungspotenzial aufweist, was die verminderte Hitzestress-Antwort in alten Zellen erklärt (Heydari et al. 2000). Folgerichtig verkürzt eine geringere HSF1-Aktivität die Lebensdauer von *C. elegans* und eine erhöhte Expression ist in der Lage, diese zu verlängern. Schließlich weiß man, dass die Aktivität von HSF1 und dadurch vermutlich des HSF1-kontrollierten Chaperonnetzwerks essenziell für die verlängerte Lebensdauer der extrem langlebigen *C. elegans*-Wurmlinien daf-2-/Insulin-/IGF-1-Rezeptor-Mutanten ist, die bereits im Kontext von kalorischer Restriktion und Lebensdauer diskutiert wurden (Hsu et al. 2003; s. auch Abschn. 3.4 und 3.5). Zusammengenommen können die transkriptionellen Effekte von HSF1 und die anschließend induzierte Chaperonaktivität direkt die Langlebigkeit von Modellorganismen befördern.

Ganz offensichtlich werden die Proteinqualitätskontrolle und die Regulation der Proteinhomöostase während der Alterung von Organismen gestört und erfordern, dass sich die Zellen an die neue „Proteinstresssituation" anpassen. In einem neueren Übersichtsartikel ist elegant aufgezeigt, dass im Zuge der Alterung unterschiedliche Veränderungen in den Proteinabbauwegen und -mechanismen auftreten können (David 2012). So wurde beobachtet, dass in Säugern ein Mechanismus, der *un-*

folded protein response (UPR) genannt und durch Stresssignale hauptsächlich im endoplasmatischen Retikulum (ER) ausgelöst wird, im Alter beeinträchtigt ist (Brown und Naidoo 2012). Die UPR wird durch ungefaltete oder fehlgefaltete Proteine im Lumen des ER, dem Kompartiment, das die sekretorischen Proteine enthält und ihre Freisetzung in den extrazellulären Raum vermittelt, ausgelöst. Beim Auftreten defekter Proteine als ER-Stresssignal ist es die Aufgabe der UPR, die normale zelluläre Funktion wiederherzustellen, indem die Proteintranslation angehalten wird. Zusätzlich aktiviert die UPR Signalkaskaden, die zu einer vermehrten Produktion molekularer Chaperone führen, die wiederum eine korrekte Proteinfaltung und -rückfaltung sicherstellen. Im Fall, dass die UPR nicht in der Lage ist, die Fehlfaltung der Proteine im ER zu revertieren, ist sie mit dem programmierten Zelltod (Apoptose) verknüpft.

Neben der modifizierten UPR wurden altersassoziierte Veränderungen in der proteasomalen Aktivität detektiert: In Ratten wurde beobachtet, dass diese in bestimmten Geweben mit dem Alter abnimmt (Anselmi et al. 1998; Keller et al. 2000). Auch für die lysosomale sog. chaperonvermittelte Autophagie (chaperone-mediated autophagy, CMA) wurde eine reduzierte Aktivität in der Leber gealteter Ratten sowie in humanen seneszenten Fibroblasten gefunden (Cuervo und Dice 2000). Interessanterweise spielt auch der oxidative Stress im Kontext der Proteindegradation eine Rolle: Die Oxidation und Nitrierung von Proteinen im Zuge der zellulären Alterung führen zu einem beeinträchtigten Proteinabbau (Squier 2001; Poon et al. 2006). Mutationen und altersbedingte Veränderungen in der mRNA-Transkription und der Proteintranslation können zu fehlerhaften Proteinen führen, die das zelluläre Proteinqualitätskontrollsystem überfordern und letztendlich Proteinaggregations-Erkrankungen verursachen, einschließlich der Huntington-, der Alzheimer- und der Parkinson-Krankheit (van Leeuwen et al. 1998; De Pril et al. 2004; Morawe et al. 2012). Es gibt also eine Reihe von Umstellungen in der Proteinbiochemie während der Alterung und all diese pathobiochemischen Veränderungen können zu einer umfassend veränderten Proteostase beitragen, die zu Proteinfehlfaltung, -dysfunktion und -aggregation führen kann. Zusammen demonstrieren diese Beobachtungen zweifellos eine klare Assoziation von Chaperonen, Proteostase, Proteinqualitätskontrolle und Alterung.

Der Proteinabbau schaltet im Zuge der Alterung um: der *BAG1/BAG3-Switch* Neuere Ergebnisse weisen darauf hin, dass während der Alterung von Zellen und Organismen die Hauptwege des Proteinabbaus auch direkt moduliert werden. An dieser Stelle sollen die Arbeiten der eigenen Arbeitsgruppe des Autors zu diesem Thema kurz eingeführt werden: In einem experimentellen Ansatz zur Analyse der grundlegenden biochemischen Unterschiede junger und alter menschlicher Zellen konnten wir beobachten, dass die Expression zweier Mitglieder einer bestimmten Familie von Ko-Chaperonproteinen, die Mitglieder der BAG-Familie BAG1 und BAG3, während des zellulären Alterungsprozesses reziprok reguliert ist (Gamerdinger et al. 2009). Diese reziproke Expressionsänderung haben wir als altersbedingten „BAG1/BAG3-Schalter" bezeichnet (Abb. 3.20). Unter normalen physiologischen Bedingungen erkennt

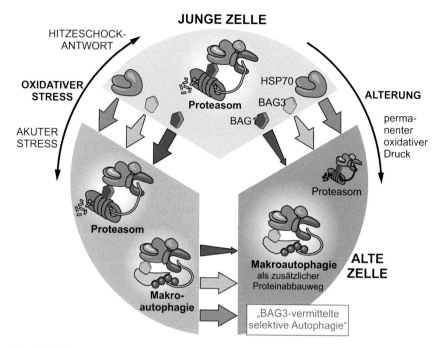

Abb. 3.20 Der *BAG1/BAG3-Switch* und die *BAG3-vermittelte selektive Autophagie.* In jungen Zellen ist zum Proteinabbau hauptsächlich das Proteasom aktiv; die autophagische Aktivität ist vergleichsweise gering. Für den Transfer von Substraten zum Proteasom ist BAG1 essenziell; im Zuge der Alterung (oder bei akutem oxidativem Stress) steigt die Expression von BAG3 an und zusätzlich zur proteasomalen Degradation wird die von BAG3 abhängige selektive Autophagie induziert. Diese Veränderung in der Expression der BAG-Proteine wird als BAG1/BAG3-Switch bezeichnet; zum Abbau vorgesehene Proteine werden in alten Zellen durch die *BAG3-vermittelte selektive Autophagie* degradiert (Entnommen aus Gamerdinger et al. 2011a)

HSP70 fehlgefaltete Proteine und überträgt sie mithilfe des Ko-Chaperons BAG1 auf das Ubiquitin-Proteasom-System (UPS). Bei pathophysiologischen Bedingungen, wie sie mit der zellulären Alterung oder mit akutem (z. B. oxidativem) Stress verbunden sind, die zu einer Akkumulation von fehlgefalteten und aggregierten Proteinen führen, ist das proteasomale Abbausystem nicht länger in der Lage, die erhöhten Anforderungen an die Proteindegradation zu bewältigen. Der selektive Makroautophagieweg, der dann angeschaltet wird, ist die *BAG3-vermittelte selektive Makroautophagie;* das Ko-Chaperon BAG3 ist essenziell für ihn (Gamerdinger et al. 2009).

Aufgrund seiner spezifischen Zusammensetzung an Proteindomänen ist das Ko-Chaperon BAG3 ein in hohem Maße promiskes Molekül, das mit unterschiedlichen Proteinen interagieren kann, wodurch es mit mehreren intrazellulären Signalwegen, u. a. Apoptose, Differenzierung und Adhäsion, verknüpft ist (McCollum et al. 2010). Neben der regulatorischen Funktion der beiden BAG-Proteine und dem BAG1/BAG3-Schalter im Verlauf der Alterung ist die Spezifität der

HSP70-Chaperone für fehlgefaltete Proteine der Schlüssel zum Degradationspro-
zess. Das HSP70-Chaperonsystem hängt als multifunktioneller Proteinkomplex in
seiner Funktion von den spezifischen Interaktionspartnern ab (Hartl und Hayer-
Hartl 2002). Dabei ist HSP70 das Kernchaperon, mit dem eine Vielzahl von
Ko-Chaperonen und Ko-Regulatoren interagieren kann (Abb. 3.18). Die indivi-
duelle Bindung von Substraten an HSP70 und die anschließende, notwendige
Freisetzung des Substrats vom HSP70-Proteinkomplex wird durch die zelluläre
Energiewährung ATP kontrolliert. Die Proteinfaltungs- und -refaltungsaktivität
von HSP70 sowie seine Proteindegradationsaktivität mithilfe von Proteasom oder
Makroautophagie werden wiederum durch seine Assoziation mit spezifischen Ko-
Chaperonen wie BAG1 und BAG3 (als Nukleotidaustauschfaktoren) determiniert,
die direkt den tatsächlichen Umsatz von ATP an HSP70 beeinflussen (Young 2010).
Wie genau HSP70 für den Abbau vorgesehene und aggregierte Proteine zu den einzelnen Abbauwegen dirigiert, ist an anderer Stelle zusammengefasst (Gamerdinger
et al. 2011a). Zusammengenommen hat die Identifizierung dieses neuen Abbau-
wegs und seine Induktion während des zellulären Alterungsprozesses – wenn die
Anforderungen für einen effizienten Proteinabbau erhöht sind – gezeigt, dass das
Proteinqualitätskontrollsystem in hohem Maß anpassungsfähig ist. Offensichtlich
sind intrazelluläre Mechanismen gegenüber altersassoziierten Bedingungen hoch
sensitiv. Die Adaptation könnte also auch als Antwort auf Krankheitszustände
dienen, die auf der Störung der intrazellulären Proteinhomöostase beruhen. Wie bereits angeführt wurde, ist eine verstärkte Proteinaggregation ein charakteristisches
Kennzeichen der Alterung und insbesondere von verschiedenen neurodegenerativen Erkrankungen des Menschen, für die es noch immer keine kausale Therapie
gibt, wie ALS, die Alzheimer-, die Huntington- und die Parkinson-Krankheit
(Morawe et al. 2012). Für die BAG3-vermittelte selektive Makroautophagie wurde gezeigt, dass sie effektiv gerade auch Proteinaggregate bewältigen kann wie
die, die bei einer Mutation von SOD auftreten (Gamerdinger et al. 2011b). Allerdings scheint bei altersassoziierten neurodegenerativen Erkrankungen wie ALS, die
durch intrazelluläre SOD-Aggregate charakterisiert ist, der Proteinabbau durch die
massive Proteinaggregation „überstimmt" zu werden. Der BAG1/BAG3-Schalter
zeigt, dass es während der zellulären Alterung eine Adaptionskapazität gibt, die
bei der Erforschung der Ursachen und potenzieller neuer Therapien für die bislang
unheilbaren altersassoziierten neurodegenerativen Erkrankungen in Betracht gezogen werden muss. Ein Ansatz wäre also die Stabilisierung oder Stimulation des
intrazellulären Proteinqualitätskontrollsystems, um Nervenzellen während des Alterungsprozesses so zu unterstützen, dass aufkommender Proteinstress verhindert
werden kann, bevor er Schäden verursacht. Dies ist mit Sicherheit eine zu starke
Vereinfachung hinsichtlich der genauen Ursachen der angeführten altersassoziierten Erkrankungen, da für die große Zahl mutationsunabhängiger, sporadischer
(strikt altersbedingter) Fälle von Neurodegeneration nicht wirklich klar ist, ob
Proteinakkumulation die entscheidende Ursache oder nur ein Nebenprodukt eines
auf andere Weise ausgelösten und fortschreitenden Krankheitsprozesses ist. Andererseits könnte es – wenn man bedenkt, dass die Nervenzellen, die degenerieren
(kortikale Neuronen bei der Alzheimer-Krankheit, dopaminerge Neuronen bei Par-

kinson, Motorneuronen bei ALS), alle lebenslang postmitotische Zellen und daher mit mannigfaltigen Herausforderungen konfrontiert sind – ein prinzipieller Ansatz sein, physiologische Schlüsselprozesse wie die Proteinqualitätskontrolle und speziell die Proteinabbauwege zu stabilisieren, um Nervenzellen widerstandsfähiger gegenüber altersbedingten und potenziell pathogenen Bedingungen zu machen. Insofern könnte die spezifische und gut kontrollierte Induktion der BAG3-vermittelten selektiven Makroautophagie ein Weg sein, die Überlebenschancen einer Nervenzelle, die sich alters- und/oder krankheitsbedingten Störungen der Proteinhomöostase ausgesetzt sieht, zu erhöhen. Wir wissen heute aus eigenen Arbeiten und Befunden anderer Labore aber auch, dass eine spezifische Hochregulation der BAG3-Expression auch ein *Escape*-Mechanismus von Tumorzellen sein kann (s. Abschn. 4.2; Felzen et al. 2015; Rapino et al. 2014).

Interessanterweise führt die genauere Betrachtung zellulärer Alterungsprozesse stets direkt zu den Ursachen und Konsequenzen der Erkrankungen, die das Altern begleiten und mit ihm zunehmen. Die Sichtweise der Autoren dazu ist, dass das vollumfängliche Verständnis neurodegenerativer Krankheiten einschließlich der Alzheimerschen Krankheit, die eine riesige Herausforderung und Belastung für unsere alternde Gesellschaft darstellt, und die Entwicklung kausaler Therapien von der Decodierung der Zellalterung und der altersassoziierten Biochemie abhängig ist. Daher ist das Verständnis der Alterung von Nervenzellen die eigentliche Voraussetzung, die Ursache oder Ursachen der bislang noch unheilbaren neurodegenerativen Krankheiten des Alters aufzudecken. So simpel dies klingt, so verwunderlich ist es, dass eine solche Sichtweise viele Jahre lang von der Wissenschaft nahezu negiert wurde, v. a. durch den Ansatz, die Entdeckung von eher selten vorkommenden Mutationen, die spezifisch für genetische/familiäre Formen der Krankheit sind, könnten unmittelbar zum Verständnis auch der nichtgenetischen Fälle, die meist den weit größeren Anteil ausmachen, führen. Ein sehr gutes Beispiel dafür ist die Alzheimer-Forschung der letzten drei Jahrzehnte mit dem Ergebnis, dass wir nahezu alle Details über die Ursache der sehr seltenen Fälle familiärer AD kennen, ohne ein Heilmittel (oder zumindest ein vielversprechendes pharmakologisches Konzept) für die nichtfamiliären, sporadischen Fälle, die aufgrund ihrer steigenden Zahl weitaus relevanter sind, in Händen zu halten.

3.8 Epigenetische Veränderungen im Alter

Die Bedeutung eines stabilen Genoms und der Aufwand, den die Zelle betreibt, um Mutationen, die zu Fehlfunktionen und Krankheiten führen, zu verhindern, wurden bereits mehrfach erwähnt: Die Stabilität des Genoms ist für Leben und Vererbung zwingend erforderlich. In der modernen molekularen medizinischen Forschung wird intensiv nach krankheitsauslösenden und -assoziierten einzelnen Genen, Genfamilien oder Genmustern gesucht. Humangenetik und Bioinformatik haben elegante Werkzeuge entwickelt, um ganze Genome zu durchsuchen, Stammbäume und genetische Merkmale zu verfolgen, mit dem Ziel, solche krankheitsrelevanten Gene zu identifizieren. Diese Gene und die entsprechenden Proteine sind pharmakologische Zielstrukturen für Prävention und Intervention. Mit ähnlichen humangenetischen Ansätzen wird nach Genen gesucht, die mit einer verlängerten Lebensdauer assoziiert sind; dazu werden z. B. ganze Populationen von Hundertjährigen recherchiert, gesammelt und analysiert. Während man hofft, die genetische Signatur außergewöhnlicher Langlebigkeit zu entdecken, hat man beim Menschen bislang kein einzelnes wichtiges *Anti Aging*-Gen gefunden, sondern immer recht komplexe Muster von ganzen Gensets, die mit einer verlängerten Lebensdauer verknüpft waren (Tan et al. 2009; Sebastiani et al. 2012). Wenn man Alternstheorien und -mechanismen zusammenträgt und überprüft, kann man zu dem Schluss kommen, dass es sehr unwahrscheinlich ist, dass *das* ultimative zentrale Regulatorgen des Alterns existiert. Andererseits scheinen die individuellen Unterschiede in der Lebensdauer, die innerhalb einer Spezies beobachtet werden, von äußeren Umweltfaktoren beeinflusst zu werden. Solche Faktoren können die chemische Struktur der DNA-Komponenten modifizieren. Während das menschliche Genom hoch stabil ist, was seine generelle Struktur und die Sequenz der DNA betrifft, können seine Bestandteile chemisch permanent modifiziert werden, was wiederum zu Veränderungen im Genexpressionsmuster und, auf der Ebene des Gesamtorganismus, zu Funktionsänderungen führen kann. Diese chemischen Modifikationen unseres Genoms, die „neben" (griech. epi-) der DNA-Sequenz vorkommen, werden im Forschungsfeld der *Epigenetik* untersucht. Eine neuere Konsensusdefinition legt fest (Berger et al. 2009): „Ein epigenetisches Merkmal ist ein stabiler, vererbbarer Phänotyp, der aus Veränderungen im Chromosom ohne Änderungen in der DNA-Sequenz resultiert."

Kleine Veränderungen in der Chemie, große Effekte in der Genregulation – die molekularen Korrelate der Epigenetik Das Forschungsfeld der Epigenetik scheint gegenwärtig eine der Richtungen zu sein, die neue Mechanismen von Entwicklung und Krankheit aufdecken und unser Verständnis von der Vererbung genetischer Prädispositionen für bestimmte Erkrankungen erweitern. Für Untersuchungen am Menschen sind Studien mit eineiigen Zwillingen von besonderem Wert (Steves et al. 2012). Je intensiver die epigenetische Forschung weltweit betrieben wird und je mehr Fortschritte gemacht werden, umso mehr scheinen epigenetische Mechanismen in alle wichtigen zellulären Funktionen involviert zu sein. Daher spiegeln sie sich auch in Konsequenzen sowohl für Physiologie und Pathophysiologie als auch für das Altern wider. Wie häufig in der Wissenschaft wächst mit zunehmendem Wissen auch der Grad an Komplexität. Es scheint z. B. bei der Suche nach der Ursache für fatale humane Erkrankungen wie die Alzheimersche Erkrankung, dass es immer noch eine Ebene von vorgeschalteter oder nachgeordneter Regulation gibt, die analysiert werden muss, bevor die tatsächliche molekulare Ursache des Ausbruchs komplexer altersassoziierter Pathologien festgemacht werden kann. In der Tat konnte gezeigt werden, dass epigenetische Veränderungen mit einer breiten Palette menschlicher Krankheiten assoziiert sind (Adwan und Zawia 2013; Kaelin und McKnight 2013; Gonzalo 2010; D'Aquila et al. 2013). Interessanterweise wurde der Begriff Epigenetik schon vor langer Zeit geprägt. Einer der wichtigen Wissenschaftler hierbei war Conrad Hal Waddington (1905–1975), ein Entwicklungsbiologe, Genetiker und Embryologe, sozusagen ein Pionier der Systembiologie. In einer frühen Publikation benutzte Waddington bereits den Begriff „epigenetische Landschaft", was zu dieser Zeit für die Forschergemeinschaft eine Metapher für die Modulation der Entwicklung durch die Genregulation war; in Anerkennung der Weitsicht dieses Epigenetikers der ersten Stunde wurde diese kürzlich erneut veröffentlicht (Waddington 2012). Heute ist die epigenetische Landschaft mehr denn je im Fokus auch der Alternsforschung. Aber bevor einige der Verbindungen von Epigenetik und Altern vorgestellt werden, sollen molekulare Träger, Merkmale und Arten epigenetischer Veränderungen im Genom kurz beschrieben werden.

Generell befasst sich die Epigenetik mit allen vererbbaren, d. h. durch Mitose (und manchmal auch Meiose) weitergegebenen Veränderungen eines zellulären Phänotyps. Neben der differenziellen Expression von Transkriptionsfaktoren sind diese Veränderungen verantwortlich für eine zelltypspezifische Genexpression, betreffen aber nicht die DNA-Basenpaare und ihre Abfolge. Um es noch einmal zu verdeutlichen: Alle Zellen eines Organismus enthalten das gleiche Kerngenom, d. h. die DNA-Sequenz ist identisch, aber Phänotyp und Funktion von beispielsweise Nervenzellen (z. B. Ischiasnerven, pyramidale Neurone im Hippocampus) unterscheiden sich von der anderer Körperzellen (z. B. Haut-, Leber-, Immunzellen). Diese Unterschiede werden während der Lebensdauer einer individuellen Zelle aufrechterhalten und garantieren diesen unterschiedlichen Phänotyp (der zu voneinander abweichenden Funktionen führt); verursacht werden sie durch die differenzielle Expression von Genen in den verschiedenen Zelltypen. Bestimmte Gene sind in einem Gewebe aktiv, nicht aber in anderen. Dieses *Silencing* („zum Schweigen bringen") der Transkription einer großen Anzahl von Genen wird durch geringfügige chemische (epigenetische) Modifikationen des Genoms möglich gemacht. Epigenetische Markierungen ermöglichen also differenzielle Expressionsmuster. Die Chemie dahinter ist recht simpel und betrifft (1) die Methylierung der DNA, (2) unterschiedliche Modifikationen der Histonproteine im Kern, und (3) in gewissem Ausmaß auch die Expression nichtcodierender RNA (ncRNA). Die bislang am besten verstandenen epigenetischen Markierungen sind DNA-Methylierung und posttranslationale Modifikationen der Histonproteine (Abb. 3.21).

DNA-Methylierung und Zusammenhänge mit dem Alterungsprozess DNA-Methylierung meint die kovalente Addition einer Methylgruppe ($-CH_3$) an die DNA-Base Cytosin (resultierend in 5-Methylcytosin), die in diesem Fall meist neben der Base Guanin lokalisiert ist. Diese Hotspots der DNA-Methylierung werden als „CpG-Inseln" bezeichnet. Via DNA-Methylierung werden verschiedene biologische Funktionen während der Entwicklung und Differenzierung reguliert. Am beeindruckendsten: auch die Inaktivierung eines der beiden X-Chromosomen bei Frauen wird so vermittelt. Die biochemische Maschinerie, die die Methylierung vornimmt, besteht aus verschiedenen DNA-Methyltransferasen (DNMT). Die Addition der kleinen CH_3-Gruppe führt zu ultrastrukturellen Rearrangements, die die

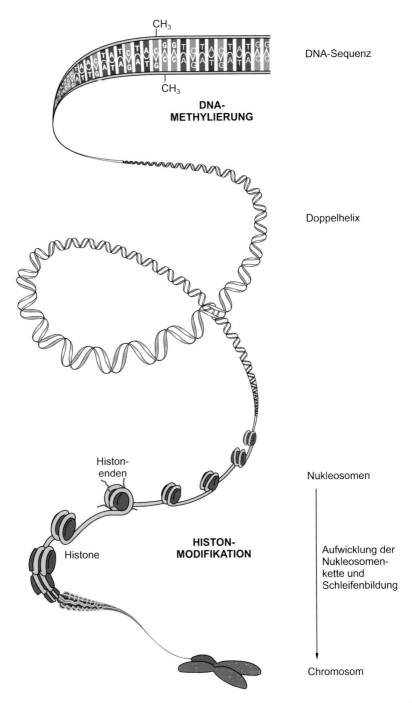

CH₃

DNA-Sequenz

CH₃

**DNA-
METHYLIERUNG**

Doppelhelix

Histon-
enden

Nukleosomen

Histone

**HISTON-
MODIFIKATION**

Aufwicklung der
Nukleosomen-
kette und
Schleifenbildung

Chromosom

Abb. 3.21 Hauptkomponenten des epigenetischen Codes. Die biochemisch wichtigsten Charakteristika epigenetischer Veränderungen sind DNA-Methylierung und Histonmodifikation. (Mod. nach Qiu 2006)

Transkription der methylierten Genabschnitte durch unterschiedliche Mechanismen verhindert (He et al. 2011). Tatsächlich führt die Methylierung durch die Anziehung von Proteinkomplexen mit repressiver Aktivität zu einem dicht gepackten Chromatinstatus und letztendlich zum Abschalten der Gene. Zusammengefasst: die DNA-Methylierung verändert die Genexpression in sich teilenden Zellen im Verlauf der Differenzierung von embryonalen Stammzellen zu spezialisierten Geweben. Dabei agiert sie sowohl global im Genom als auch spezifisch auf bestimmte Genloci. Vor gut zehn Jahren konnte die Arbeitsgruppe des Autors zeigen, dass die DNA-Methylierung, die durch Östrogenrezeptoren vermittelt wird, zu einem fast kompletten *silencing* ausgewählter Gene führen kann. In einer zellulären Studie mit humanen Neuroblastomzellen supprimierte die Anwesenheit eines speziellen Subtyps des humanen Östrogenrezeptors (Östrogenrezeptor alpha) die Expression der Proteine Caveolin 1 und 2, die an der Endozytose und der intrazellulären Signalgebung beteiligt sind. Eine detaillierte molekulare Analyse ergab, dass die beobachtete verringerte Caveolinexpression von Veränderungen im Methylierungsmuster der Caveolinpromotoren begleitet wurde. In ausgewählten Promotorregionen des Caveolin-1-Gens waren in den Neuroblastomzellen, die den Östrogenrezeptor alpha exprimierten, bestimmte CpG-Dinukleotide hypermethyliert. Andererseits waren die gleichen DNA-Stellen in Kontrollzellen ohne Östrogenrezeptoren oder in Zellen, die den anderen Subtyp (Östrogenrezeptor beta) aufwiesen, nicht methyliert. Eine *In vivo*-Analyse erbrachte, dass die Caveolin-1-Expression auch in bestimmten Regionen des Gehirns von Mäusen nach Langzeitexposition mit Östrogen abreguliert ist (Zschocke et al. 2002). In experimentellen Anordnungen ist es möglich, in den DNA-Methylierungsprozess einzugreifen und ihn sogar zu verhindern. Physiologisch gesehen sind wichtige epigenetische Veränderungen, die früh in der Entwicklung einer Zelle stattfinden, für gewöhnlich permanenter Natur und verhindern ihre reverse Entwicklung zurück zur Stammzelle oder die Differenzierung in einen völlig anderen Zelltyp. Modifikationen in der DNA-Methylierung vermitteln auch den Prozess des *genomic imprinting*, der die Expression nur eines Allels entweder vom mütterlichen oder vom väterlichen Chromosom sicherstellt.

Frühe und trotz ihres Alters noch immer anerkannte prägende Untersuchungen deckten einen pauschalen Verlust der DNA-Methylierung in Rattenhirn und -herz sowie in anderen Geweben und Spezies im Zuge der Alterung auf (Vanyushin et al. 1973a, 1973b; Romanov und Vanyushin 1981). Interessanterweise wurde auch eine altersassoziierte Reduktion der Methylierung der DNA des inaktiven X-Chromosoms beobachtet (Busque et al. 1996). Andererseits – wie kürzlich in einem Übersichtsartikel rekapituliert – kann die Gesamtzahl veränderter Methylierungsstellen mit höherem Alter auch ansteigen und wird daher als Marker für das chronologische Alter vorgeschlagen (Ben-Avraham et al. 2012). Tatsächlich weisen in normalen Geweben eine ganze Reihe spezifischer Genloci mit dem Alter einen erhöhten DNA-Methylierungsstatus auf, werden also hypermethyliert (Fraga und Esteller 2007); dies schließt den Östrogenrezeptor, den *insulin-like growth factor 2* (IGF-2), den Transkriptionsfaktor c-Fos und andere ein (Gonzalo 2010). Die epigenetischen Veränderungen (das *Epigenom*) können durch genetische, stochastische und Umweltfaktoren beeinflusst werden. So wurde eine altersabhängige

Veränderung im Gesamtniveau der DNA-Methylierung beispielsweise in einer humanen Population aus Island und Utah beobachtet, die auch eine familiäre Häufung der DNA-Methylierung aufwiesen (Bjornsson et al. 2008). Am wichtigsten ist, dass exogene Faktoren den Methylierungsstatus im Laufe der Zeit beeinflussen können. Nahrungsdefizienzen in bestimmten Nährstoffen, aber auch UV Licht haben einen direkten Einfluss auf den Methylierungsstatus abhängig von Gewebe und Alter (z. B. Chouliaras et al. 2012). Wenn man all diese Studien zusammen nimmt, hat es den Anschein, dass das Genom während des Alterns eine globale *Hypo*methylierung erfährt, während bestimmte Genpromotoren eine spezifische *Hyper*methylierung durchlaufen. Bislang sind all diese Ergebnisse v. a. deskriptiv und die exakten molekularen Mechanismen dahinter noch nicht klar. Es gibt keinen Zweifel, dass bereits wenn man sich auf nur eine bestimmte epigenetische Markierung, die DNA-Methylierung, konzentriert, während des Alterns wohl eine Vielzahl an Veränderungen abläuft. Aber bevor eine valide *epigenetische Theorie des Alterns* formuliert werden kann, müssen mögliche kausale und funktionelle Verknüpfungen zwischen diesen chemischen Modifikationen und dem Alterungsprozess eindeutig aufgeklärt werden. Das trifft auch auf die epigenetischen Veränderungen zu, denen wir uns jetzt zuwenden, den verschiedenen posttranslationalen Modifikationen der Histone.

Histonmodifikationen und deren Verbindung mit dem Altern Histone sind eine Familie von Proteinen im Zellkern von Eukaryoten. Aufgrund ihres hoch alkalischen Charakters – der durch Abschnitte der positiv geladenen Aminosäuren Lysin und Arginin bedingt wird – ermöglichen die Histone die Verpackung der DNA in strukturelle Einheiten, die *Nukleosomen*. Definitionsgemäß besteht ein Nukleosom aus 147 Basenpaaren der doppelsträngigen DNA, die um ein Oktamer aus je zwei H2A-, H2B-, H3- und H4-Proteinen gewunden ist (Abb. 3.22). Ein zusätzliches Histon (H1) verbindet dann die Nukleosomen und trägt damit dazu bei, die DNA in der streng geordneten Struktur des Chromatins zu organisieren. Nicht gewundene DNA wäre sehr lang und diese Maßnahmen, den chromosomalen DNA-Faden zu komprimieren, sind essenziell (s. Alberts et al. 2014). Da diese Kernproteine eine Schlüsselrolle bei der Verpackung der DNA spielen, modulieren Histone auch die Regulation der Genexpression. Proteine können generell nach der Translation chemisch modifiziert werden; dies ist ein sehr häufig stattfindender Prozess, am bedeutendsten sind dabei die Phosphorylierung, Glykosylierung, Acetylierung und Methylierung spezifischer Aminosäureseitenketten. Tatsächlich sind posttranslationale Modifikationen von größter Wichtigkeit für die Funktion von Proteinen (beispielsweise werden Enzyme häufig durch die Addition anorganischer Phosphatgruppen aktiviert; s. auch Abschn. zur Zellzykluskontrolle). Das Anfügen einer chemischen Gruppe an bestimmte Aminosäureseitenketten verändert ihre chemischen und damit ihre biophysikalischen Eigenschaften. Die Tatsache, dass die dreidimensionale Konformation eines Proteins hochgradig von den kovalenten und, noch bedeutsamer, den nichtkovalenten Wechselwirkungen der Aminosäureseitenketten abhängt, erklärt, dass die Addition einer neuen chemischen Einheit die Bindungskräfte, die Proteinstruktur und letztendlich die Proteinfunktion verändert. Dies alles trifft auf die Histonproteine zu, die posttranslational modifiziert werden. Da die Hauptaufgabe der Histone die Verpackung der DNA ist, zählen diese chemischen Veränderungen zu den epigenetischen Modifikationen und beeinflussen die Genfunktion, ohne die DNA-Sequenz zu verändern.

Histone können potenziell den folgenden chemischen Modifikationen unterworfen werden: Acetylierung (Addition eines Acetylsäurerests), Methylierung (Addition einer Methylgruppe), Phosphorylierung (Addition eines anorganischen Phosphats), und ADP-Ribosylierung (Addition einer oder mehrerer ADP-Ribose-Einheiten), um die häufigsten zu nennen. Diese Eingriffe können sowohl an den Amino- oder Carboxytermini als auch an der Kerndomäne der Histonmoleküle erfolgen und verändern die Organisation des betroffenen Nukleosoms, was – abhängig von der Art der Modifikation – zu transkriptional aktiver oder komplett inaktiver DNA führt. Darüber hinaus wechselwirken chemisch modifizierte Histone auch auf andere Weise mit anderen für die Transkription relevanten Molekülen wie z. B. Transkriptionsfaktoren. Aufgrund der Tragweite des spezifischen chemischen Modifikationsstatus von Histonen wurde sogar der Begriff *Histoncode* geprägt, um den Einfluss auf den Transkriptionsprozess zu unterstreichen.

Neben der DNA-Methylierung sind die Histonacetylierung und Histonmethylierung die wichtigsten epigenetischen Markierungen. Der Transfer einer Acetylgruppe wird von Histonacetyltransferasen (HAT; Marmorstein und Roth 2001; Zentner und Henikoff 2013) ausgeführt, die eine ganze Enzymsuperfamilie umfassen. Aufgrund ihrer Schlüsselfunktion für die Transkription sind verschiedene HAT mit einer Reihe von Krankheiten, u. a. Krebs, assoziiert (Barneda-Zahonero und Parra 2012; Pirooznia und Elefant 2013). Auf mechanistischer Ebene ist der Effekt der Acetylierung (und Deacetylierung) auf die transkriptionelle Aktivität leicht nachzuvollziehen. In Kürze: Der Transfer einer Acetylgruppe auf positiv geladene Aminosäureseitenketten (hauptsächlich Lysin) im Histonmolekül maskiert die positive Ladung der Aminosäure, die für die nichtkovalente Bindung an die insgesamt negativ geladene DNA entscheidend ist. Die enge Bindung nichtacetylierter Lysine der Histone an die DNA ermöglicht eine dichte Kondensation des DNA-Histon-Komplexes, die Acetylierung lockert diese Wechselwirkung und führt zur Dekondensation (einer weniger engen Verpackung) des Chromatins. Transkriptionsfaktoren können jetzt auf die DNA zugreifen. Die Umkehrung dieser Reaktion, d. h. die Entfernung der Acetylgruppe von den modifizierten Aminosäuren (Deacetylierung) wird von Histondeacetylasen (HDAC) ausgeführt und resultiert in der Wiederherstellung der engen Histon-DNA-Wechselwirkung. Während durch Acetylierung also die Transkription gefördert wird, wird sie infolge von Deacetylierung reprimiert. Daher findet Acetylierung häufig an solchen Stellen in den Histonen statt, die mit Genpromotorregionen auf der DNA assoziiert sind; es findet ein Umschalten von einem ruhenden Transkriptionsstatus (*repressives Chromatin*) zu einem aktiven (*permissives Chromatin*) durch den Acetylierungs-/Deacetylierungszyklus statt (Marmorstein und Roth 2001; Zentner und Henikoff 2013).

Die positiven Ladungen von Lysin- und Argininseitenketten in den Histonen können auch durch die Addition einer Methylgruppe (Methylierung, wie bei Cytosin, s. o.) verändert werden; diese Modifikation spielt bei der Regulation der Tran-

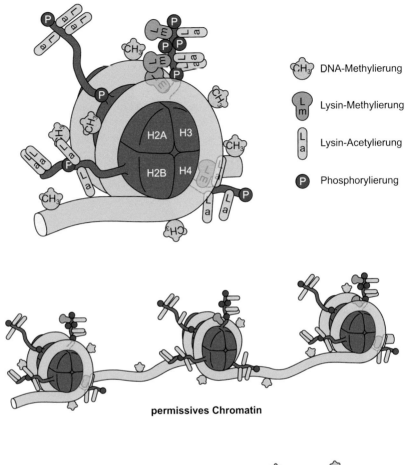

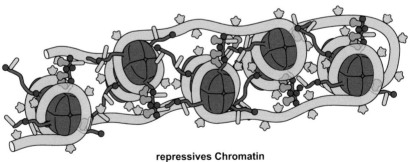

permissives Chromatin

repressives Chromatin

Abb. 3.22 Histonmodifikationen und Chromatinstruktur. Schematische Darstellung eines Nukleosoms: Der DNA-Doppelstrang ist um ein Oktamer aus den Histonmolekülen H2A, H2B, H3
und H4 gewunden, von denen jedes posttranslational modifiziert werden kann. Permissives, d. h.
für die Transkription zugängliches, Chromatin ist durch Hyperacetylierung von Histonenden und
Hypomethylierung von Histonen und DNA charakterisiert. Repressives, da stärker kondensiertes,
Chromatin weist eine Hypoacetylierung von Histonenden und eine Hypermethylierung von Histonen und DNA auf (Mod. nach Gonzalo 2010)

skription ebenfalls eine wichtige Rolle. Der Transfer einer Methylgruppe auf die Aminosäuren wird wieder durch spezifische Enzyme, die Histonmethyltransferasen (HMT), durchgeführt, wobei die Methylierung in unterschiedlichem Ausmaß erfolgen kann. Es ist von zentraler Bedeutung, ob das entsprechende Lysin einer Mono-, Di- oder Trimethylierung unterzogen wird, da der Grad der Methylierung das Ausmaß der Chromatinkondensation bestimmt und zu differenziellen Effekten auf die Transkriptionsinhibition führt (Gonzalo 2010). Alle möglichen Histonmodifikationen (differenzielle Methylierung und Acetylierung) sind wichtige epigenetische Kontrollfaktoren und charakterisieren das Chromatin als hochflexible Struktur, was den transkriptionellen Status anbelangt. Und es gibt Verbindungen zwischen Histonmodifikation und Altern.

In experimentellen Alternsmodellen (*in vitro* und *in vivo*) wird ein Gesamtanstieg des Methylierungsstatus bestimmter Histonsubtypen beobachtet (Bártová et al. 2008; Ben-Avraham et al. 2012). In Mausmodellen konnten Veränderungen in der Histonacetylierung direkt mit einer altersbedingten Abnahme der kognitiven Funktion verknüpft werden (Greer et al. 2010). Sirtuin 6 (SIRT6) ist eine Deacetylase, die an der Funktion der Telomere und der Expression altersassoziierter Gene beteiligt ist. Ihr Verlust führt zu einem Phänotyp vorzeitiger Alterung (Peleg et al. 2010). Die genetische Deletion von SIRT6 in Mäusen resultiert in einem schweren degenerativen Phänotyp mit beeinträchtigter Funktion der Leber und vorzeitigem Tod (Marquardt et al. 2013). Signifikante Veränderungen im Muster der Histonmodifikationen findet man in verschiedenen Progeriesyndromen wie der Hutchinson-Gilford-Progerie, aber auch in gealterten menschlichen Geweben generell (McCord et al. 2009). Eine ausgeprägte Histonmethylierung (Hypermethylierung) an mit dem Retinoblastom-Tumorsuppressorgen verknüpften Stellen – und ebenso Demethylierung – kann die Zielgene des Retinoblastomproteins in alten Zellen betreffen (Shumaker et al. 2006). Darüber hinaus können die Gene für Insulin/IGF-1, die uns hier schon in unterschiedlichem Kontext begegnet sind, via Histonmethylierung in ihrer Expression beeinflusst werden (D'Aquila et al. 2013). Zuletzt soll noch die Verbindung zwischen dem Altern und mehreren histonmodifizierenden Enzymen erwähnt werden. Hier sticht wiederum die Familie der Sirtuine hervor, die, wie bereits erläutert, eine ganze Gruppe evolutionär hoch konservierter Nikotinamid-Adenin-Dinukleotid(NAD)-abhängiger Enzyme umfasst, die in vielen Modellorganismen einschließlich Hefe und Mäusen die Lebensdauer reguliert (Burgess und Zhang 2010). Im Zuge der Alterung wurde in zellulären Modellsystemen ein Abfall an Sir2-Protein beobachtet, was in einer verstärkten Histonacetylierung resultierte (McGuiness et al. 2011) und dadurch die Gentranskription beeinflusste. Obwohl verschiedene Studien zu Sirtuinen und ihrer direkten Verknüpfung mit dem Altern derzeit kontrovers diskutiert werden (s. Abschn. 3.3), wurde eine Verbindung der Sirtuinaktivität mit oxidativem Stress, der ebenfalls an Alterungsprozessen beteiligt ist, nachgewiesen und ein Modell vorgeschlagen, das die Sirtuine in das Konzept einer ROS-getriebenen, mitochondrial vermittelten hormetischen (d. h. protektiven) Antwort einbindet (Merksamer et al. 2013).

Nichtcodierende RNA als neue Akteure in Epigenetik und Alterung In einer Zelle sind mehrere Arten von RNA vorhanden. Die am besten untersuchten sind die Boten-RNA (*messenger* RNA, mRNA), die direkten Transkripte codierender Gene und Vorlagen für die Proteintranslation, und die Transfer-RNA (tRNA), die spezifische Aminosäuren zum Translationsprozess am Ribosom transportieren. Weiter existieren auch andere nichtcodierende RNA (*non-coding* RNA, ncRNA), deren Funktion noch immer nicht vollständig verstanden ist. Man kennt sowohl konstitutiv exprimierte Formen von ncRNA als auch regulatorische; von letzteren sind die sog. Mikro-RNA (miRNA) und kleine interferierende RNA (*small interfering* RNA, siRNA) teilweise funktionell charakterisiert. miRNA regulieren die Genexpression negativ, indem sie mit zellulären mRNA interagieren. In Säugern können einzelne miRNA-Spezies auf viele verschiedene mRNA abzielen, was zu signifikanten Veränderungen der Expression einer ganzen Reihe von Genen führen kann. miRNA werden von der Kern-DNA codiert und üben ihre Funktion durch Basenpaarung mit komplementären Sequenzen innerhalb der mRNA-Moleküle aus. Als Konsequenz wird die Proteinexpression supprimiert, entweder durch die Repression der Translation der entsprechenden mRNA (bei unvollständiger Basenpaarung) oder durch die Induktion der Degradation der korrespondierenden mRNA (bei vollständiger Basenpaarung; Abb. 3.23).

Man schätzt, dass das menschliche Genom über tausend verschiedene miRNA codiert, die potenziell etwa 60 % der Gene zum Ziel haben. Die Tatsache, dass miRNA unter eukaryotischen Organismen hoch konserviert sind, legt nahe, dass diese Moleküle evolutionär frühe Regulatoren der Gentranskription darstellen könnten. Auch in diesem Fall kamen die ersten Beweise für eine Beteiligung der miRNA am Alterungsprozess und eine Beeinflussung der Lebensdauer von Untersuchungen an *C. elegans*. Von einer miRNA mit Namen *lin-4* wurde gezeigt, dass sie die Lebensdauer des Wurms beeinflusst, indem sie die entsprechende mRNA und damit den Insulinsignalweg reguliert (Lee et al. 1993). In jüngerer Zeit wurden Technologieplattformen entwickelt, die einen methodischen Ansatz liefern, um alternsrelevante miRNA und ihre Zielstrukturen aufzuspüren. Tatsächlich sind miRNA bislang am besten hinsichtlich ihres Einflusses auf das Altern und die Lebensdauer untersucht. Unterschiedliche miRNA neben lin-4 (z. B. miR1, miR-145, miR-140) heben auf den Insulin-/IGF-1-Rezeptor und assoziierte Signalmoleküle ab. Der Insulin-/IGF-Weg ist also einmal mehr eine nachgeordnete Zielsequenz regulatorischer Moleküle, die das Altern beeinflussen (Ibáñez-Ventoso und Driscoll 2009; Grillari und Grillari-Voglauer 2010; Jung und Suh 2012). Beim Gang durch die Literatur findet man weitere Beweise für eine wichtige Rolle der miRNA für die Alterung und die Entwicklung altersbedingter Krankheiten. Das Protein p53 beispielsweise, das weiter oben als Tumorsuppressorprotein und wichtiger Kontrollpunkt des Zellzyklus eingeführt wurde, reguliert auch die Expression von miRNA. Andererseits ist p53 selbst ein indirektes Ziel der Regulation durch miRNA. Vor dem Hintergrund, dass die Expression von p53 durch Schädigung der Integrität der genomischen DNA (z. B. UV- und ionisierende Strahlung) induziert wird, kann eine miRNA-vermittelte Abregulation von p53 signifikante Konsequenzen für die Entwicklung von Tumoren haben (He et al. 2007; Park et al. 2009;

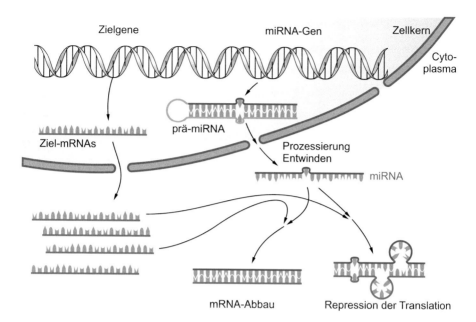

Abb. 3.23 Negative Regulation der Genexpression durch miRNA. MicroRNA (miRNA) werden als große Vorläufer transkribiert, die im Zellkern zu prä-miRNA verkürzt werden. Im Cytoplasma werden diese zu reifen miRNA prozessiert. Durch partielle Komplementarität können sie auf eine ganze Gruppe von Messenger-RNA abzielen, deren Translation durch konformationelle Hindernisse reprimiert wird. Eine perfekte Basenpaarung resultiert in der Degradation der mRNA. (Mod. nach Hammond 2005)

Zuckerman et al. 2009; Freeman und Espinosa 2013). Generell wurde eine vermehrte Expression von miRNA mit dem Alter und eine global verminderte Expression von miRNA in Tumoren beschrieben (Gonzalo 2010). Zusammengefasst gehören miRNA zum epigenetischen Instrumentarium, da sie die Genfunktion unabhängig von einer Veränderung der Genomsequenz beeinflussen.

Lebensstil und Umwelt beeinflussen den Alterungsprozess Unterschiedliche Entitäten menschlicher Erkrankungen sind durch Unterschiede nicht nur im *Genom*, *Transkriptom* oder *Proteom*, sondern auch im *Epigenom* charakterisiert. Solche Pathologien, die durch die Lebensführung und/oder Umweltfaktoren beeinflusst werden, die sich als epigenetische Markierungen manifestieren, schließen nicht nur altersassoziierte Krankheiten, sondern beispielsweise auch psychiatrische Erkrankungen ein. In diesem Kontext sind posttraumatische Stresssyndrome von besonderem Interesse, aber auch die Mutter-Foetus-Beziehung *in utero* und ihre Konsequenzen für die Entwicklung von Krankheiten im späteren Leben (Schmidt et al. 2011; Galjaard et al. 2013). Während die Definition von Epigenetik uns sagt, dass „ein epigenetisches Merkmal ein stabiler vererbbarer Phänotyp ist, der aus Veränderungen in einem Chromosom ohne eine Änderung in der DNA-Sequenz resultiert" (Berger et al. 2009) zeigt sich, dass äußere Faktoren und Bedingungen die DNA und ihren Informationsgehalt verändern können. Daher wird die Epigenetik als der tatsächliche Link zwischen Genetik und Umwelt (*nature and nurture*) angesehen. Neuere Artikel fassen die Konsequenzen dieser chemischen Sensitivität der DNA zusammen und konstatieren u. a. (Tammen et al. 2013): „Epigenetische Muster können sich im Laufe eines Lebens ändern, durch frühe Lebenserfahrungen, Umweltexposition oder Ernährungszustand. Epigenetische Signaturen, die von der Umwelt beeinflusst werden, können unsere Erscheinung, unser Verhalten, unsere allgemeine Stressantwort, unsere Suszeptibilität für Krankheiten und sogar unsere Lebensdauer bestimmen". Umwelt- und Verhaltensfaktoren, die sich in der individuellen DNA widerspiegeln, können als persönlicher Lebensstil zusammengefasst werden. Dieser schließt viele Faktoren ein, die täglich zum Tragen kommen, wie Ernährung, Stress, Sport und körperliche Aktivität, persönliche Arbeitsweise (z. B. Schichtarbeit) und den Konsum von Drogen, Alkohol und Rauchen. Viele experimentelle Studien zeigen mittlerweile eindeutig, dass solche individuellen (weichen) Faktoren direkt die wichtigen epigenetischen Marker einschließlich DNA-Methylierung, Histonacetylierung und Expression von miRNA beeinflussen können. Es ist weitgehend gesichert, dass die breite Palette individueller Faktoren der Lebensführung über epigenetische Prozesse die Gesundheit des Menschen beeinflussen können (Alegria-Torres et al. 2011). Beim Menschen betonen hauptsächlich Studien an eineiigen Zwillingen die Bedeutung der individuellen Lebensgeschichte für Gesundheit, Lebensqualität und lange Lebensdauer. Eineiige Zwillinge mit identischer DNA(-Sequenz) können in der Tat recht massiv differieren, was epigenetische Markierungen betrifft (Steves et al. 2012). Genetische Veränderungen (Alterationen der DNA-Sequenz, Mutationen, sog. *single nucleotide polymorphisms*/SNP) können die Ursache für eine Prädisposition für bestimmte Krankheiten sein und damit eine grundsätzliche Suszeptibilität verursachen (Genetik). Zusätzlich können Lebensstil und Umweltfaktoren ebenso die Chemie der DNA und die Disposition für Krankheiten verändern (Epigenetik). Gene (Genetik), Umwelt (Epigenetik) und ihr aktives Zusammenspiel beeinflussen also direkt die Prädisposition für Erkrankungen, den Alterungsprozess und die Lebensdauer (Abb. 3.24).

3.9   Ein holistischer Ansatz: die *molekulare Matrix des Alterns*

Bislang gibt es *die eine* Theorie des Alterns nicht, vielmehr steht eine Vielzahl von Auffassungen davon für sich alleine. Andererseits sind die meisten Gene, Moleküle und Stoffwechselwege, die in diesen Theorien im Mittelpunkt stehen, verknüpft und beeinflussen einander. Ursprünglich verstand man das Altern als einen schrittweise ablaufenden komplexen Prozess der Akkumulation von Schäden in den wichtigen Biomolekülen der Zelle (DNA, Lipide und Proteine). Das Altern und der altersassoziierte funktionelle Verfall wurden einfach als Ergebnisse eines Verschleißprozesses erklärt. Nach Jahrzehnten der intensiven molekularen Forschung weiß man, dass

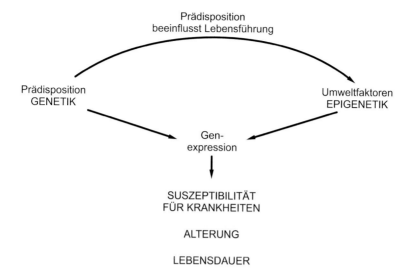

Abb. 3.24 Zusammenspiel von Genetik und Epigenetik. Die Genetik als das individuelle und festgelegte Set von Genen, das ein jeder Mensch besitzt, ist der wichtigste Prädispositionsfaktor für die Suszeptibilität gegenüber Krankheiten, den Alterungsprozess und die Lebensdauer. Diese werden aber ebenso von der Epigenetik als dem biochemischen Substrat der Umweltbedingungen beeinflusst. (Mod. nach Holsboer 2007)

die Alterung von Zellen und Organismen von Genen, die häufig als Altersgene bezeichnet werden (ein Begriff, der nicht zutreffend ist, da diese Gene und die entsprechenden Proteine essenzielle Funktionen auch während der Entwicklung und in früheren Lebensphasen erfüllen), und Mechanismen, die evolutionär konserviert sind, beeinflusst und moduliert wird. Als Beispiele für solche Mechanismen, die über die Artgrenzen hinaus vorhanden sind, wären zu benennen (1) von Insulin/IGF ausgelöste Signale, (2) mTOR-Signalwege, (3) oxidativer Stress oder (4) mitochondriale Aktivität. Eine Manipulation einzelner dieser Gene und Mechanismen führt zu einer veränderten Lebensdauer, zumindest in Modellorganismen (Niccoli und Partridge 2012). Einerseits ist jedes einzelne dieser altersassoziierten Gene, Proteine und Mechanismen der Kern einer spezifischen Alternstheorie; andererseits gibt es Evidenzen dafür, dass diese individuellen Wege miteinander in Verbindung stehen. Beispiele sind das Insulin-/IGF-1-System, das das Nährstoffangebot misst, und mTOR als wichtiger Regulator der Autophagie. Ein anderes Beispiel ist, dass das Ausmaß der Energieproduktion in Mitochondrien direkt mit der Erzeugung von oxidativem Stress verbunden ist und es viele redoxregulierte Enzyme und auf oxidativen Stress responsive Gene in der Zelle gibt, von denen einige an der Kontrolle des Nährstoffwechsels beteiligt sind. Ein recht neues, wichtiges Beispiel einer solchen Verknüpfung sind die epigenetischen Kontrollmechanismen, die die insulininduzierte Entstehung von oxidativem Stress bei hohem Glukosegehalt regulieren (Gupta und Tikoo 2012). In einer anderen neueren Studie, die sich

DIE MOLEKULARE MATRIX DES ALTERNS

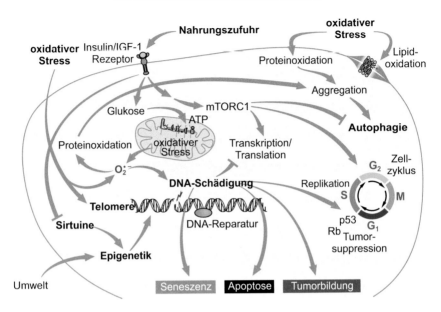

Abb. 3.25 Eine integrative Theorie des Alterns: die molekulare Matrix des Alterns. Die Zellalterung wird nicht durch einzelne Gene oder Mechanismen reguliert, sondern durch ein eng miteinander verflochtenes Netzwerk aus Einflussfaktoren: Nahrungszufuhr, oxidativem Stress, Telomerlänge, Epigenetik und Biochemie der Sirtuine, DNA-Schädigung und Autophagie. Wird einer der Faktoren moduliert, beeinflusst dies mehrere, wenn nicht alle, anderen Faktoren und verändert daher die gesamte Biochemie und Physiologie der Zelle. Wir schlagen vor, dass die genannten zentralen Faktoren die Determinanten des individuellen Alterszustands einer Zelle sind, die die Voraussetzungen für den Übergang der Zelle in den Alterungsprozess schaffen; dieses Netzwerk bezeichnen wir als die *molekulare Matrix des Alterns*

mit Mitochondrien befasste, wurde die reaktive Sauerstoffspezies H_2O_2, die weiter oben als Quelle für HO^- vorgestellt wurde, als sekundärer Messenger beschrieben, der direkt die Redoxregulation zellulärer Signalwege übernimmt, und seinerseits durch mehrere zytosolische Signalwege, wie etwa die Insulin-/IGF-1-Funktion, reguliert wird. Ein anderer intrazellulärer Signalmechanismus, der *c-Jun-N-terminal-kinase*(JNK)-Signalweg, wird ebenso durch oxidativen Stress induziert und kann selbst via Translokation zu den Mitochondrien die Erzeugung von ATP beeinträchtigen. Die Aktivität von Insulin/IGF-1 und von JNK ist wiederum verknüpft, sodass eine metabolische Triade bestehend aus (1) der Erzeugung von Energie (und oxidativem Stress) in den Mitochondrien, (2) dem Insulin-/IGF-1- und (3) dem JNK-Weg postuliert wird, die direkt mit der Alterung des Gehirns und der Entwicklung neurodegenerativer Krankheiten in Zusammenhang gebracht wird (Yin et al. 2013). Die Autophagie kann durch Schädigung der DNA aktiviert werden und die zelluläre Antwort darauf und die Rolle der Autophagie beim Zelltod nach gentoxischem Stress sind gut beschrieben (Surova und Zhivotovsky 2013). Aber der Abbau von

Proteinaggregaten und defekten Mitochondrien via Autophagie kann auch zur genomischen Stabilität beitragen, was der Autophagie eine neue Rolle auch bei der Tumorsuppression zuweist. Wie kürzlich von Vessoni und Kollegen zusammengefasst wurde (Vessoni et al. 2013), kann der stabilisierende Effekt der Autophagie auf das Genom auch durch die Eliminierung geschädigter und defekter Teile des Zellkerns erreicht werden (Nukleophagie; zur Übersicht: Mijaljica und Devenish 2013). Dies macht die Autophagie neben den Mitochondrien, dem Zellkern und membrangebundenen Sensoren (z. B. Insulin-/IGF-1-vermittelten Mechanismen) zu einem Schlüsselprozess, der mehrere altersassoziierte Signalwege verbindet. Man könnte also sagen, dass die wichtigsten Proteine, Signalmechanismen und -wege, von denen gezeigt wurde, dass sie miteinander in Zusammenhang stehen, eine *molekulare Matrix des Alterns* bilden.

In der Tat häufen sich die Evidenzen, die das Zusammenspiel verschiedener für das Altern wichtiger Gene, Proteine und Signalwege aufzeigen. Mehr noch, es scheint eine fast unbegrenzte Verflechtung zu geben. Selbstverständlich haben andere Alternsforscher zuvor verschiedene altersassoziierte Signalwege miteinander in Verbindung gebracht; meist haben sie jedoch einen einzelnen in den Mittelpunkt gestellt wie z. B. freie Radikale und oxidativen Stress. Shino Nemoto und Toren Finkel haben die Aktivität von ROS mit der Funktion des Onkogens *ras*, den Sirtuinen und anderen Zellkomponenten kombiniert und damit eine erweiterte Version der Freie-Radikal-Theorie des Alterns eingeführt (Nemoto und Finkel 2004).

Während der Fertigstellung der englischen Version dieses kleinen Buchs wurde in der Zeitschrift *Cell* ein Übersichtsartikel publiziert, der zusammenfasst, was seine Autoren die wichtigsten charakteristischen Kennzeichen des Alterns („*the key hallmarks of aging*") nennen. In dieser eleganten Arbeit werden exakt neun vorläufige Merkmale präsentiert, die für das stehen, was die Autoren als „gemeinsame Nenner des Alterns" (mit Schwerpunkt auf dem Altern der Säuger) bezeichnen. Übereinstimmend mit der Zusammenstellung hier werden genomische Instabilität, Telomerverkürzung, epigenetische Veränderungen, Verlust der Proteostase, die deregulierte Erfassung des Nahrungsangebots, mitochondriale Dysfunktion und zelluläre Seneszenz als charakteristische Kennzeichen des Alterns angesehen, hinzu kommen die Erschöpfung des Stammzellreservoirs und eine veränderte Kommunikation zwischen den Zellen (López-Otín et al. 2013). Auch in diesem Artikel wird der Versuch, die Verbindung zwischen den formulierten Merkmalen und ihren relativen und individuellen Beitrag zum Alterungsprozess herauszuarbeiten, als die aktuell wichtigste Herausforderung in der Alternsforschung angesehen.

In aller Kürze: Altern und Evolution Bislang noch nicht diskutiert wurde hier die Verbindung zwischen Alterung und Evolution. „Altern wird gewöhnlich definiert als der zunehmende Funktionsverlust einhergehend mit verminderter Fertilität und steigender Mortalität mit zunehmendem Alter" (Kirkwood und Austad 2000). Bei der Betrachtung unterschiedlicher Arten haben sich *evolutionäre Alternstheorien* entwickelt (es gibt mehr als nur eine Theorie, da verschiedene Theorien den Schwerpunkt auf verschiedene evolutionäre Aspekte setzen), die erklären, warum Altern prinzipiell geschieht, und die sich auf die Fertilität der einzelnen Art und evolutionäre Faktoren konzentrieren. Wie in einem wegweisenden Übersichtsartikel zu diesem Thema von Kirkwood und Austad zusammengefasst wird, können evolutionäre Alternstheorien folgendes vorhersagen (Sätze in Kursivschrift sind der Publikation von Kirkwood und Austad 2000, entnommen): *1. Es ist unwahrscheinlich, dass spezifische Gene existieren, die selektiert wurden, um die Alterung voranzutreiben.* Dies bedeutet, dass es kein genetisches Alternsmodul gibt, das die Information über die Lebensdauer einer individuellen Spezies trägt. Konsequenterweise gibt es auch nicht *das* Alternsgen, das artifiziell moduliert werden könnte. *2. Die Alterung ist nicht programmiert, sondern resultiert größtenteils aus der Akkumulation somatischer Schäden, die aufgrund des limitierten Aufwands für Aufrechterhaltung und Reparatur entstehen. Langlebigkeit wird daher von Genen reguliert, die Aktivitäten wie DNA-Reparatur und antioxidative Verteidigung kontrollieren.* Es gibt eine Vielzahl von Genen, die für Abwehr- und Reparaturproteine und -enzyme codieren, die insgesamt den Alterungsprozess und die Resistenz gegenüber Alterskrankheiten, speziell Krebserkrankungen, beeinflussen. *3. Darüber hinaus könnte es nachteilige Genaktivitäten im Alter geben, die entweder von schädlichen Genen herrühren, die den Kräften der natürlichen Selektion entkommen sind, oder von pleiotropen Genen, die einen Vorteil in jungen Jahren gegen einen Nachteil im Alter eintauschen.* Man darf nicht vergessen, dass die Selektion auf der reproduktiven Ebene stattfindet und es keinen Selektionsdruck gegen das Altern gibt, das nach der reproduktiven Phase des Individuums stattfindet. Hinsichtlich der evolutionären Alternstheorien könnte man vereinfachend sagen, dass Organismen sterben, bevor sie altern, wenn der Evolutionsdruck hoch ist, und das Altern letztendlich von einer Abnahme der natürlichen Selektion herrührt.

Wenn man die Fülle von Daten betrachtet, die bestimmte Gene, Signalwege und Bedingungen mit dem Altern verknüpfen, bleibt letztendlich wieder der signifikante Einfluss des Zusammenspiels von Genen und Umwelt und die Tatsache, dass der Alterungsprozess und der Altersphänotyp das Ergebnis einer komplexen Interaktion dieser beiden Faktoren sind. In ähnlicher Weise wurde dies bereits vor mehr als drei Jahrzehnten formuliert (Gensler und Bernstein 1981): „Zuletzt stellen wir die Hypothese auf, dass die Faktoren, die die maximale Lebensdauer von Individuen innerhalb einer Population bestimmen, die Häufigkeit des Auftretens von DNA-Schäden, die Häufigkeit von DNA-Reparatur, der Grad der zellulären Redundanz, und das Ausmaß an Stress sind." Noch komplexer ist der wechselseitige Einfluss des Alterns auf altersbedingte Krankheiten und *vice versa*, der im letzten Kapitel angerissen wird.

Literatur

Adwan L, Zawia NH (2013) Epigenetics: A novel therapeutic approach for the treatment of Alzheimer's disease. Pharmacol Ther 139(1):41–50

Alberts B, Johnson A, Walter P, Lewis J, Raff M, Roberts K (2007) Molecular Biology of the Cell, 5. Aufl. Taylor & Francis, New York

Alberts B, Johnson A, Lewis J, Morgan D, Raff M, Roberts K, Walter P (2014) Molecular Biology of the Cell, 6. Aufl. Taylor & Francis, New York

Alegría-Torres JA, Baccarelli A, Bollati V (2011) Epigenetics and lifestyle. Epigenomics 3(3):267–277

Alexander P (1967) The role of DNA lesions in processes leading to aging in mice. Symp Soc Exp Biol 21:29–50

Amm I, Sommer T, Wolf DH (2014) Protein quality control and elimination of protein waste: The role of the ubiquitin-proteasome system. Biochim Biophys Acta 1843(1):182–196

Anselmi B, Conconi M, Veyrat-Durebex C, Turlin E, Biville F, Alliot J, Friguet B (1998) Dietary self-selection can compensate an age-related decrease of rat liver 20 S proteasome activity observed with standard diet. J Gerontol A Biol Sci Med Sci 53(3):B173–B179

Atzmon G, Cho M, Cawthon RM, Budagov T, Katz M, Yang X, Siegel G, Bergman A, Huffman DM, Schechter CB, Wright WE, Shay JW, Barzilai N, Govindaraju DR, Suh Y (2010) volution in health and medicine Sackler colloquium: Genetic variation in human telomerase is associated with telomere length in Ashkenazi centenarians. Proc Natl Acad Sci U S A 107(Suppl 1):1710–17177

Austad SN (2010) Methusaleh's Zoo: how nature provides us with clues for extending human health span. J Comp Pathol 142(Suppl 1):S10–S21

Bae YS, Oh H, Rhee SG, Yoo YD (2011) Regulation of reactive oxygen species generation in cell signaling. Mol Cells 32(6):491–509

Balaban RS, Nemoto S, Finkel T (2005) Mitochondria, oxidants, and aging. Cell 120(4):483–495

Barneda-Zahonero B, Parra M (2012) Histone deacetylases and cancer. Mol Oncol 6(6):579–89

Bartke A (2011) Single-gene mutations and healthy ageing in mammals. Philos Trans R Soc Lond B Biol Sci 366(1561):28–34

Bártová E, Krejčí J, Harnicarová A, Galiová G, Kozubek S (2008) Histone modifications and nuclear architecture: a review. J Histochem Cytochem 56(8):711–721

Beauharnois JM, Bolívar BE, Welch JT (2013) Sirtuin 6: a review of biological effects and potential therapeutic properties. Mol Biosyst 9(7):1789–1806

Behl C (2012) Brain aging and late-onset Alzheimer's disease: many open questions. Int Psychogeriatr 24(Suppl 1):S3–S9

Behl C, Moosmann B (2002) Oxidative nerve cell death in Alzheimer's disease and stroke: antioxidants as neuroprotective compounds. Biol Chem 383(3-4):521–536

Behl C, Davis JB, Lesley R, Schubert D (1994) Hydrogen peroxide mediates amyloid beta protein toxicity. Cell 77(6):817–827

Ben-Avraham D, Muzumdar RH, Atzmon G (2012) Epigenetic genome-wide association methylation in aging and longevity. Epigenomics 4(5):503–509

Bender A, Hajieva P, Moosmann B (2008) Adaptive antioxidant methionine accumulation in respiratory chain complexes explains the use of a deviant genetic code in mitochondria. Proc Natl Acad Sci U S A 105(43):16496–16501

Berger SL, Kouzarides T, Shiekhattar R, Shilatifard A (2009) An operational definition of epigenetics. Genes Dev 23(7):781–783

Bjornsson HT, Sigurdsson MI, Fallin MD, Irizarry RA, Aspelund T, Cui H, Yu W, Rongione MA, Ekström TJ, Harris TB, Launer LJ, Eiriksdottir G, Leppert MF, Sapienza C, Gudnason V, Feinberg AP (2008) Intra-individual change over time in DNA methylation with familial clustering. JAMA 299(24):2877–2883

Blüher M, Kahn BB, Kahn CR (2003) Extended longevity in mice lacking the insulin receptor in adipose tissue. Science 299(5606):572–574

Bourzac K (2012) Interventions: Live long and prosper. Nature 492(7427):S18–S20

Branzei D, Foiani M (2008) Regulation of DNA repair throughout the cell cycle. Nat Rev Mol Cell Biol 9(4):297–308

Brown MK, Naidoo N (2012) The endoplasmic reticulum stress response in aging and age-related diseases. Front Physiol 3:263

Brown-Borg HM, Bartke A (2012) GH and IGF1: roles in energy metabolism of long-living GH mutant mice. J Gerontol A Biol Sci Med Sci 67(6):652–660

Brown-Borg HM, Borg KE, Meliska CJ, Bartke A (1996) Dwarf mice and the ageing process. Nature 384(6604):33

Bukau B, Weissman J, Horwich A (2006) Molecular chaperones and protein quality control. Cell 125(3):443–451

Burgess RJ, Zhang Z (2010) Histones, histone chaperones and nucleosome assembly. Protein Cell 1(7):607–612

Burtner CR, Kennedy BK (2010) Progeria syndromes and ageing: what is the connection? Nat Rev Mol Cell Biol 11(8):567–578

Busque L, Mio R, Mattioli J, Brais E, Blais N, Lalonde Y, Maragh M, Gilliland DG (1996) Non-random X-inactivation patterns in normal females: lyonization ratios vary with age. Blood 88(1):59–65

Carafa V, Nebbioso A, Altucci L (2012) Sirtuins and disease: the road ahead. Front Pharmacol 3:4

Casorelli I, Bossa C, Bignami M (2012) DNA damage and repair in human cancer: molecular mechanisms and contribution to therapy-related leukemias. Int J Environ Res Public Health 9(8):2636–2657

Cech TR (2004) Beginning to understand the end of the chromosome. Cell 116(2):273–9

Chen Y, Klionsky DJ (2011) The regulation of autophagy – unanswered questions. J Cell Sci 124(Pt 2):161–170

Chevanne M, Calia C, Zampieri M, Cecchinelli B, Caldini R, Monti D, Bucci L, Franceschi C, Caiafa P (2007) Oxidative DNA damage repair and parp 1 and parp 2 expression in Epstein-Barr virus-immortalized B lymphocyte cells from young subjects, old subjects, and centenarians. Rejuvenation Res 10(2):191–204

Chouliaras L, van den Hove DL, Kenis G, Keitel S, Hof PR, van Os J, Steinbusch HW, Schmitz C, Rutten BP (2012) Prevention of age-related changes in hippocampal levels of 5-methylcytidine by caloric restriction. Neurobiol Aging 33(8):1672–1681

Clancy DJ, Gems D, Harshman LG, Oldham S, Stocker H, Hafen E, Leevers SJ, Partridge L (2001) Extension of life-span by loss of CHICO, a Drosophila insulin receptor substrate protein. Science 292(5514):104–106

Cleaver JE, Lam ET, Revet I (2009) Disorders of nucleotide excision repair: the genetic and molecular basis of heterogeneity. Nat Rev Genet 10(11):756–768

Clement AB, Gamerdinger M, Tamboli IY, Lütjohann D, Walter J, Greeve I, Gimpl G, Behl C (2009) Adaptation of neuronal cells to chronic oxidative stress is associated with altered cholesterol and sphingolipid homeostasis and lysosomal function. J Neurochem 111(3):669–682

Clement AB, Gimpl G, Behl C (2010) Oxidative stress resistance in hippocampal cells is associated with altered membrane fluidity and enhanced nonamyloidogenic cleavage of endogenous amyloid precursor protein. Free Radic Biol Med 48(9):1236–1241

Cline SD (2012) Mitochondrial DNA damage and its consequences for mitochondrial gene expression. Biochim Biophys Acta 1819(9-10):979–991

Colman RJ, Anderson RM, Johnson SC, Kastman EK, Kosmatka KJ, Beasley TM, Allison DB, Cruzen C, Simmons HA, Kemnitz JW, Weindruch R (2009) Caloric restriction delays disease onset and mortality in rhesus monkeys. Science 325(5937):201–204

Corey DR (2009) Telomeres and telomerase: from discovery to clinical trials. Chem Biol 16(12):1219–1223

Cornaro L (2005) English translation by Butler WF (1903) The Art of Living Long. Springer, New York

Couzin-Frankel J (2011) Genetics. Aging genes: the sirtuin story unravels. Science 334(6060):1194–1198

Cuervo AM, Dice JF (2000) Age-related decline in chaperone-mediated autophagy. J Biol Chem 275(40):31505–31513

Culotta E, Koshland DE Jr (1992) NO news is good news. Science 258(5090):1862–1865

Curtin NJ (2012) DNA repair dysregulation from cancer driver to therapeutic target. Nat Rev Cancer 12(12):801–817

D'Aquila P, Rose G, Bellizzi D, Passarino G (2013) Epigenetics and aging. Maturitas 74(2):130–136

Dasuri K, Zhang L, Keller JN (2013) Oxidative stress, neurodegeneration, and the balance of protein degradation and protein synthesis. Free Radic Biol Med 62:170–185

David DC (2012) Aging and the aggregating proteome. Front Genet 3:247

David DC, Ollikainen N, Trinidad JC, Cary MP, Burlingame AL, Kenyon C (2010) Widespread protein aggregation as an inherent part of aging in C. elegans. PLoS Biol 8:e1000450

Decker ML, Chavez E, Vulto I, Lansdorp PM (2009) Telomere length in Hutchinson-Gilford progeria syndrome. Mech Ageing Dev 130(6):377–383

De Duve C, Wattiaux R (1966) Functions of lysosomes. Annu Rev Physiol 28:435–492

De Oliveira RM, Sarkander J, Kazantsev AG, Outeiro TF (2012) SIRT2 as a Therapeutic Target for Age-Related Disorders. Front Pharmacol 3:82

De Pril R, Fischer DF, Maat-Schieman ML, Hobo B, de Vos RA, Brunt ER, Hol EM, Roos RA, van Leeuwen FW (2004) Accumulation of aberrant ubiquitin induces aggregate formation and cell death in polyglutamine diseases. Hum Mol Genet 13(16):1803–1813

Dhurandhar EJ, Allison DB, van Groen T, Kadish I (2013) Hunger in the absence of caloric restriction improves cognition and attenuates Alzheimer's disease pathology in a mouse model. PLoS One 8(4):e60437

Dikic I, Johansen T, Kirkin V (2010) Selective autophagy in cancer development and therapy. Cancer Res 70(9):3431–3434

Dobashi Y, Watanabe Y, Miwa C, Suzuki S, Koyama S (2011) Mammalian target of rapamycin: a central node of complex signaling cascades. Int J Clin Exp Pathol 4(5):476–495

Dong S, Duan Y, Hu Y, Zhao Z (2012) Advances in the pathogenesis of Alzheimer's disease: a re-evaluation of amyloid cascade hypothesis. Transl Neurodegener 1(1):18

Donmez G, Wang D, Cohen DE, Guarente L (2010) SIRT1 suppresses beta-amyloid production by activating the alpha-secretase gene ADAM10. Cell 142(2):320–32. Erratum. Cell 142(3):494–495

Dorman JB, Albinder B, Shroyer T, Kenyon C (1995) The age-1 and daf-2 genes function in a common pathway to control the lifespan of Caenorhabditis elegans. Genetics 141(4):1399–1406

Dunlop RA, Brunk UT, Rodgers KJ (2009) Oxidized proteins: mechanisms of removal and consequences of accumulation. IUBMB Life 61(5):522–527

Ewbank JJ (2006) Signaling in the immune response (January 23, 2006), WormBook ed. The C. elegans Research Community, WormBook, doi/10.1895/wormbook.1.83.1. http://www.wormbook.org

Felzen V, Hiebel C, Koziollek-Drechsler I, Reißig S, Wolfrum U, Kögel D, Brandts C, Behl C, Morawe T (2015) Estrogen receptor α regulates non-canonical autophagy that provides stress resistance to neuroblastoma and breast cancer cells and involves BAG3 function. Cell Death Dis 6:e1812

Fontana L, Partridge L, Longo VD (2010) Extending healthy life span-from yeast to humans. Science 328(5976):321–326

Foster DA, Yellen P, Xu L, Saqcena M (2010) Regulation of G1 Cell Cycle Progression: Distinguishing the Restriction Point from a Nutrient-Sensing Cell Growth Checkpoint(s). Genes Cancer 1(11):1124–1131

Fraga MF, Esteller M (2007) Epigenetics and aging: the targets and the marks. Trends Genet 23(8):413–418

Fredrickson EK, Gardner RG (2012) Selective destruction of abnormal proteins by ubiquitin-mediated protein quality control degradation. Semin Cell Dev Biol 23(5):530–537

Freeman JA, Espinosa JM (2013) The impact of post-transcriptional regulation in the p53 network. Brief Funct Genomics 12(1):46–57

Freitas AA, de Magalhães JP (2011) A review and appraisal of the DNA damage theory of ageing. Mutat Res 728(1-2):12–22

Friedman DB, Johnson TE (1988) A mutation in the age-1 gene in Caenorhabditis elegans lengthens life and reduces hermaphrodite fertility. Genetics 118(1):75–86

Galjaard S, Devlieger R, Van Assche FA (2013) Fetal growth and developmental programming. J Perinat Med 41(1):101–105

Gamerdinger M, Hajieva P, Kaya AM, Wolfrum U, Hartl FU, Behl C (2009) Protein quality control during aging involves recruitment of the macroautophagy pathway by BAG3. EMBO J 28(7):889–901

Gamerdinger M, Carra S, Behl C (2011a) Emerging roles of molecular chaperones and co-chaperones in selective autophagy: focus on BAG proteins. J Mol Med (Berl) 89(12):1175–1182

Gamerdinger M, Kaya AM, Wolfrum U, Clement AM, Behl C (2011b) BAG3 mediates chaperone-based aggresome-targeting and selective autophagy of misfolded proteins. EMBO Rep 12(2):149–156

Gensler HL, Bernstein H (1981) DNA damage as the primary cause of aging. Q Rev Biol 56(3):279–303

Germann MW, Johnson CN, Spring AM (2012) Recognition of damaged DNA: structure and dynamic markers. Med Res Rev 32(3):659–683

Gkogkolou P, Böhm M (2012) Advanced glycation end products: Key players in skin aging? Dermatoendocrinol 4(3):259–270

González-Suárez E, Geserick C, Flores JM, Blasco MA (2005) Antagonistic effects of telomerase on cancer and aging in K5-mTert transgenic mice. Oncogene 24(13):2256–2270

Gonzalo S (2010) Epigenetic alterations in aging. J Appl Physiol 109(2):586–597

Gredilla R, Garm C, Stevnsner T (2012) Nuclear and mitochondrial DNA repair in selected eukaryotic aging model systems. Oxid Med Cell Longev 2012:282438

Greer EL, Maures TJ, Hauswirth AG, Green EM, Leeman DS, Maro GS, Han S, Banko MR, Gozani O, Brunet A (2010) Members of the H3K4 trimethylation complex regulate lifespan in a germline-dependent manner in C. elegans. Nature 466(7304):383–387

Greeve I, Hermans-Borgmeyer I, Brellinger C, Kasper D, Gomez-Isla T, Behl C, Levkau B, Nitsch RM (2000) The human DIMINUTO/DWARF1 homolog seladin-1 confers resistance to Alzheimer's disease-associated neurodegeneration and oxidative stress. J Neurosci 20(19):7345–7352

Greider CW, Blackburn EH (1985) Identification of a specific telomere terminal transferase activity in Tetrahymena extracts. Cell 43(2 Pt 1):405–413

Grillari J, Grillari-Voglauer R (2010) Novel modulators of senescence, aging, and longevity: Small non-coding RNAs enter the stage. Exp Gerontol 45(4):302–311

Guarente L (2011) Franklin H. Epstein Lecture: Sirtuins, aging, and medicine. N Engl J Med 364(23):2235–2244

Guarente L (2013) Calorie restriction and sirtuins revisited. Genes Dev 27(19):2072–2085

Gupta J, Tikoo K (2012) Involvement of insulin-induced reversible chromatin remodeling in altering the expression of oxidative stress-responsive genes under hyperglycemia in 3T3-L1 preadipocytes. Gene 504(2):181–191

Halliwell B, Gutteridge JMC (1999) Free Radicals in Biology and Medicine, 3. Aufl. Clarendon Press, Oxford

Hammond SM (2005) Dicing and slicing: the core machinery of the RNA interference pathway. FEBS Lett 579(26):5822–5829

Harley CB, Sherwood SW (1997) Telomerase, checkpoints and cancer. Cancer Surv 29:263–284

Harman D (1956) Aging: a theory based on free radical and radiation chemistry. J Gerontol 11(3):298–300

Harman D (1972) The biologic clock: the mitochondria? J Am Geriatr Soc 20(4):145–147

Harman D (2009) About "Origin and evolution of the free radical theory of aging: a brief personal history, 1954–2009". Biogerontology 10(6):783

Harrison DE, Strong R, Sharp ZD, Nelson JF, Astle CM, Flurkey K, Nadon NL, Wilkinson JE, Frenkel K, Carter CS, Pahor M, Javors MA, Fernandez E, Miller RA (2009) Rapamycin fed late in life extends lifespan in genetically heterogeneous mice. Nature 460(7253):392–395

Hartl FU, Hayer-Hartl M (2002) Molecular chaperones in the cytosol: from nascent chain to folded protein. Science 295:1852–1858

He L, He X, Lowe SW, Hannon GJ (2007) microRNAs join the p53 network-another piece in the tumour-suppression puzzle. Nat Rev Cancer 7(11):819–822

He XJ, Chen T, Zhu JK (2011) Regulation and function of DNA methylation in plants and animals. Cell Res 21(3):442–465

Hecht SS (2012) Lung carcinogenesis by tobacco smoke. Int J Cancer 131(12):2724–2732

Heydari AR, You S, Takahashi R, Gutsmann-Conrad A, Sarge KD, Richardson A (2000) Age-related alterations in the activation of heat shock transcription factor 1 in rat hepatocytes. Exp Cell Res 256:83–93

Heilbronn LK, de Jonge L, Frisard MI, DeLany JP, Larson-Meyer DE, Rood J, Nguyen T, Martin CK, Volaufova J, Most MM, Greenway FL, Smith SR, Deutsch WA, Williamson DA, Ravussin E, Pennington CALERIE Team (2006) Effect of 6-month calorie restriction on biomarkers of longevity, metabolic adaptation, and oxidative stress in overweight individuals: a randomized controlled trial. JAMA 295(13):1539–48. Erratum. JAMA 295(21):2482

Hochfeld WE, Lee S, Rubinsztein DC (2013) Therapeutic induction of autophagy to modulate neurodegenerative disease progression. Acta Pharmacol Sin 34(5):600–604

Hoeijmakers JH (2001) Genome maintenance mechanisms for preventing cancer. Nature 411(6835):366–374

Holsboer F (2007) Altersbedingte Erkrankungen: Das Wechselspiel von Veranlagung und Lebensweise. In: Gruss P (Hrsg) Die Zukunft des Alterns. C. H. Beck, München, S 163–191

Holzenberger M, Dupont J, Ducos B, Leneuve P, Géloën A, Even PC, Cervera P, Le Bouc Y (2003) IGF-1 receptor regulates lifespan and resistance to oxidative stress in mice. Nature 421(6919):182–187

Horcajada MN, Offord E (2012) Naturally plant-derived compounds: role in bone anabolism. Curr Mol Pharmacol 5(2):205–218

Howitz KT, Bitterman KJ, Cohen HY, Lamming DW, Lavu S, Wood JG, Zipkin RE, Chung P, Kisielewski A, Zhang LL, Scherer B, Sinclair DA (2003) Small molecule activators of sirtuins extend Saccharomyces cerevisiae lifespan. Nature 425(6954):191–196

Hsu AL, Murphy CT, Kenyon C (2003) Regulation of aging and age-related disease by DAF-16 and heat-shock factor. Science 300:1142–1145

Humphreys V, Martin RM, Ratcliffe B, Duthie S, Wood S, Gunnell D, Collins AR (2007) Age-related increases in DNA repair and antioxidant protection: a comparison of the Boyd Orr Cohort of elderly subjects with a younger population sample. Age Ageing 36(5):521–526

Ibáñez-Ventoso C, Driscoll M (2009) MicroRNAs in C. elegans Aging: Molecular Insurance for Robustness? Curr Genomics 10(3):144–153

Jeck WR, Siebold AP, Sharpless NE (2012) Review: a meta-analysis of GWAS and age-associated diseases. Aging Cell 11(5):727–731

Jena NR (2012) DNA damage by reactive species: Mechanisms, mutation and repair. J Biosci 37(3):503–517

Jeppesen DK, Bohr VA, Stevnsner T (2011) DNA repair deficiency in neurodegeneration. Prog Neurobiol 94(2):166–200

Jones QR, Warford J, Rupasinghe HP, Robertson GS (2012) Target-based selection of flavonoids for neurodegenerative disorders. Trends Pharmacol Sci 33(11):602–610

Jung HJ, Suh Y (2012) MicroRNA in Aging: From Discovery to Biology. Curr Genomics 13(7):548–557

Jung T, Bader N, Grune T (2007) Lipofuscin: formation, distribution, and metabolic consequences. Ann N Y Acad Sci 1119:97–111

Kaarniranta K, Salminen A, Eskelinen EL, Kopitz J (2009) Heat shock proteins as gatekeepers of proteolytic pathways-Implications for age-related macular degeneration (AMD). Ageing Res Rev 8(2):128–139

Kaelin WG Jr, McKnight SL (2013) Influence of metabolism on epigenetics and disease. Cell 153(1):56–69

Kamileri I, Karakasilioti I, Garinis GA (2012) Nucleotide excision repair: new tricks with old bricks. Trends Genet 28(11):566–573

Kanungo J (2013) DNA-dependent protein kinase and DNA repair: relevance to Alzheimer's disease. Alzheimers Res Ther 5(2):13

Keller JN, Huang FF, Markesbery WR (2000) Decreased levels of proteasome activity and proteasome expression in aging spinal cord. Neuroscience 98(1):149–156

Kenyon C, Chang J, Gensch E, Rudner A, Tabtiang R (1993) A C. elegans mutant that lives twice as long as wild type. Nature 366(6454):461–464

Kern A, Ackermann B, Clement AM, Duerk H, Behl C (2010) HSF1-controlled and age-associated chaperone capacity in neurons and muscle cells of C. elegans. PLoS One 5(1):e8568

Kim HS, Patel K, Muldoon-Jacobs K, Bisht KS, Aykin-Burns N, Pennington JD, van der Meer R, Nguyen P, Savage J, Owens KM, Vassilopoulos A, Ozden O, Park SH, Singh KK, Abdulkadir SA, Spitz DR, Deng CX, Gius D (2010) SIRT3 is a mitochondria-localized tumor suppressor required for maintenance of mitochondrial integrity and metabolism during stress. Cancer Cell 17(1):41–52

Kim YJ, Wilson DM 3rd (2012) Overview of base excision repair biochemistry. Curr Mol Pharmacol 5(1):3–13

Kimura KD, Tissenbaum HA, Liu Y, Ruvkun G (1997) daf-2, an insulin receptor-like gene that regulates longevity and diapause in Caenorhabditis elegans. Science 277(5328):942–946

Kirkwood TB, Austad SN (2000) Why do we age? Nature 408(6809):233–238

Klapper W, Parwaresch R, Krupp G (2001) Telomere biology in human aging and aging syndromes. Mech Ageing Dev 122(7):695–712

Koshland DE Jr (1992) The molecule of the year. Science 258(5090):1861

Krokan HE, Bjørås M (2013) Base excision repair. Cold Spring Harb Perspect Biol 5(4):a012583

Kuro-o M (2012) Klotho in health and disease. Curr Opin Nephrol Hypertens 21(4):362–368

Lamy E, Goetz V, Erlacher M, Herz C, Mersch-Sundermann V (2013) hTERT: Another brick in the wall of cancer cells. Mutat Res 752(2):119–128

Lee RC, Feinbaum RL, Ambros V (1993) The C. elegans heterochronic gene lin-4 encodes small RNAs with antisense complementarity to lin-14. Cell 75(5):843–854

Lehmann AR, McGibbon D, Stefanini M (2011) Xeroderma pigmentosum. Orphanet J Rare Dis 6:70

Li N, Karin M (1999) Is NF-kappaB the sensor of oxidative stress? FASEB J 13(10):1137–1143

Lieber MR (2010) The mechanism of double-strand DNA break repair by the nonhomologous DNA end-joining pathway. Annu Rev Biochem 79:181–211

Lieber MR, Ma Y, Pannicke U, Schwarz K (2003) Mechanism and regulation of human non-homologous DNA end-joining. Nat Rev Mol Cell Biol 4(9):712–720

Liochev SI (2013) Reactive oxygen species and the free radical theory of aging. Free Radic Biol Med 60:1–4

Liscic RM, Breljak D (2011) Molecular basis of amyotrophic lateral sclerosis. Prog Neuropsychopharmacol Biol Psychiatry 35(2):370–372

Lombard DB, Chua KF, Mostoslavsky R, Franco S, Gostissa M, Alt FW (2005) DNA repair, genome stability, and aging. Cell 120(4):497–512

López-Otín C, Blasco MA, Partridge L, Serrano M, Kroemer G (2013) The hallmarks of aging. Cell 153(6):1194–1217

Lu T, Pan Y, Kao SY, Li C, Kohane I, Chan J, Yankner BA (2004) Gene regulation and DNA damage in the ageing human brain. Nature 429(6994):883–891

Ma D, Zhu W, Hu S, Yu X, Yang Y (2013) Association between oxidative stress and telomere length in type 1 and type 2 diabetic patients. J Endocrinol Invest 36(11):1032–1037

Marmorstein R, Roth SY (2001) Histone acetyltransferases: function, structure, and catalysis. Curr Opin Genet Dev 11(2):155–161

Marquardt JU, Fischer K, Baus K, Kashyap A, Ma S, Krupp M, Linke M, Teufel A, Zechner U, Strand D, Thorgeirsson SS, Galle PR, Strand S (2013) SIRT6 dependent genetic and epigenetic alterations are associated with poor clinical outcome in HCC patients. Hepatology 58(3):1054–1064

Masters CL, Selkoe DJ (2012) Biochemistry of Amyloid β-Protein and Amyloid Deposits in Alzheimer Disease. Cold Spring Harb Perspect Med 2(6):a006262

Masui R, Kuramitsu S (2010) Molecular mechanisms of the whole DNA repair system: a comparison of bacterial and eukaryotic systems. J Nucleic Acids 2010:179594

Mattison JA, Roth GS, Beasley TM, Tilmont EM, Handy AM, Herbert RL, Longo DL, Allison DB, Young JE, Bryant M, Barnard D, Ward WF, Qi W, Ingram DK, de Cabo R (2012) Impact of caloric restriction on health and survival in rhesus monkeys from the NIA study. Nature 489(7415):318–321

Mattson MP (2009) Roles of the lipid peroxidation product 4-hydroxynonenal in obesity, the metabolic syndrome, and associated vascular and neurodegenerative disorders. Exp Gerontol 44(10):625–633

Mayer MP, Bukau B (2005) Hsp70 chaperones: cellular functions and molecular mechanism. Cell Mol Life Sci 62(6):670–684

McCay CM (1933) Is longevity compatible with optimum growth? Science 77(2000):410–411

McCollum AK, Casagrande G, Kohn EC (2010) Caught in the middle: the role of Bag3 in disease. Biochem J 425:e1–3

McCord JM, Fridovich I (1969) Superoxide dismutase. An enzymic function for erythrocuprein (hemocuprein). J Biol Chem 244(22):6049–6055

McCord JM, Fridovich I (2014) Superoxide Dismutases: You've Come a Long Way, Baby. Antioxid Redox Signal 20(10):1548–1549

McCord RA, Michishita E, Hong T, Berber E, Boxer LD, Kusumoto R, Guan S, Shi X, Gozani O, Burlingame AL, Bohr VA, Chua KF (2009) SIRT6 stabilizes DNA-dependent protein kinase at chromatin for DNA double-strand break repair. Aging 1(1):109–121

McGuinness D, McGuinness DH, McCaul JA, Shiels PG (2011) Sirtuins, bioageing, and cancer. J Aging Res 2011:235754

McKinnon PJ (2012) ATM and the molecular pathogenesis of ataxia telangiectasia. Annu Rev Pathol 7:303–321

Meng F, Yao D, Shi Y, Kabakoff J, Wu W, Reicher J, Ma Y, Moosmann B, Masliah E, Lipton SA, Gu Z (2011) Oxidation of the cysteine-rich regions of parkin perturbs its E3 ligase activity and contributes to protein aggregation. Mol Neurodegener 6:34

Merksamer PI, Liu Y, He W, Hirschey MD, Chen D, Verdin E (2013) The sirtuins, oxidative stress and aging: an emerging link. Aging 5(3):144–150

Michael R, Bron AJ (2011) The ageing lens and cataract: a model of normal and pathological ageing. Philos Trans R Soc Lond B Biol Sci 366(1568):1278–1292

MIGL (2012) A database dedicated to understanding the Mechanisms of Intron Gain and Loss. University of Pittsburgh. http://cpath.him.pitt.edu/intron/intronlossGenomicDeletion.html. Zugegriffen: 22. September 2013

Mijaljica D, Devenish RJ (2013) Nucleophagy at a glance. J Cell Sci 126:4325–4330

Mocko JB, Kern A, Moosmann B, Behl C, Hajieva P (2010) Phenothiazines interfere with dopaminergic neurodegeneration in Caenorhabditis elegans models of Parkinson's disease. Neurobiol Dis 40(1):120–129

Mogk A, Schmidt R, Bukau B (2007) The N-end rule pathway for regulated proteolysis: prokaryotic and eukaryotic strategies. Trends Cell Biol 17(4):165–172

Moore JK, Haber JE (1996) Cell cycle and genetic requirements of two pathways of nonhomologous end-joining repair of double-strand breaks in Saccharomyces cerevisiae. Mol Cell Biol 16(5):2164–2173

Moosmann B, Behl C (1999) The antioxidant neuroprotective effects of estrogens and phenolic compounds are independent from their estrogenic properties. Proc Natl Acad Sci U S A 96(16):8867–8872

Moosmann B, Behl C (2002) Antioxidants as treatment for neurodegenerative disorders. Expert Opin Investig Drugs 11(10):1407–1435

Moosmann B, Behl C (2008) Mitochondrially encoded cysteine predicts animal lifespan. Aging Cell 7(1):32–46

Morawe T, Hiebel C, Kern A, Behl C (2012) Protein Homeostasis, Aging and Alzheimer's Disease. Mol Neurobiol 46(1):41–54

Morita R, Nakane S, Shimada A, Inoue M, Iino H, Wakamatsu T, Fukui K, Nakagawa N, Morris BJ (2012) Seven sirtuins for seven deadly diseases of aging. Free Radic Biol Med 56:133–171

Morris JZ, Tissenbaum HA, Ruvkun G (1996) A phosphatidylinositol-3-OH kinase family member regulating longevity and diapause in Caenorhabditis elegans. Nature 382(6591):536–539

Mostoslavsky R, Chua KF, Lombard DB, Pang WW, Fischer MR, Gellon L, Liu P, Mostoslavsky G, Franco S, Murphy MM, Mills KD, Patel P, Hsu JT, Hong AL, Ford E, Cheng HL, Kennedy C, Nunez N, Bronson R, Frendewey D, Auerbach W, Valenzuela D, Karow M, Hottiger MO, Hursting S, Barrett JC, Guarente L, Mulligan R, Demple B, Yancopoulos GD, Alt FW (2006) Genomic instability and aging-like phenotype in the absence of mammalian SIRT6. Cell 124(2):315–329

Müller-Esterl W (2011) Biochemie: Eine Einführung für Mediziner und Naturwissenschaftler. 2. Aufl. Spektrum Akademischer Verlag, Heidelberg

Murabito JM, Yuan R, Lunetta KL (2012) The search for longevity and healthy aging genes: insights from epidemiological studies and samples of long-lived individuals. J Gerontol A Biol Sci Med Sci 67(5):470–479

Moulson CL, Fong LG, Gardner JM, Farber EA, Go G, Passariello A, Grange DK, Young SG, Miner JH (2007) Increased progerin expression associated with unusual LMNA mutations causes severe progeroid syndromes. Hum Mutat 28(9):882–889

Nauseef WM (1999) The NADPH-dependent oxidase of phagocytes. Proc Assoc Am Physicians 111(5):373–382

Nemoto S, Finkel T (2004) Ageing and the mystery at Arles. Nature 429(6988):149–152

Niccoli T, Partridge L (2012) Ageing as a risk factor for disease. Curr Biol 22(17):R741–R752

Niedernhofer LJ (2008) Tissue-specific accelerated aging in nucleotide excision repair deficiency. Mech Ageing Dev 129(7-8):408–415

Olovnikov AM (1996) Telomeres, telomerase, and aging: origin of the theory. Exp Gerontol 31(4):443–448

Pamplona R, Barja G (2006) Mitochondrial oxidative stress, aging and caloric restriction: the protein and methionine connection. Biochim Biophys Acta 1757(5-6):496–508

Pan MH, Lai CS, Tsai ML, Wu JC, Ho CT (2012) Molecular mechanisms for anti-aging by natural dietary compounds. Mol Nutr Food Res 56(1):88–115

Park SY, Lee JH, Ha M, Nam JW, Kim VN (2009) miR-29 miRNAs activate p53 by targeting p85 alpha and CDC42. Nat Struct Mol Biol 16(1):23–29

Passtoors WM, Beekman M, Deelen J, van der Breggen R, Maier AB, Guigas B, Derhovanessian E, van Heemst D, de Craen AJ, Gunn DA, Pawelec G, Slagboom PE (2013) Gene expression analysis of mTOR pathway: association with human longevity. Aging Cell 12(1):24–31

Peleg S, Sananbenesi F, Zovoilis A, Burkhardt S, Bahari-Javan S, Agis-Balboa RC, Cota P, Wittnam JL, Gogol-Doering A, Opitz L, Salinas-Riester G, Dettenhofer M, Kang H, Farinelli L, Chen W, Fischer A (2010) Altered histone acetylation is associated with age-dependent memory impairment in mice. Science 328(5979):753–756

Perry JJ, Shin DS, Getzoff ED, Tainer JA (2010) The structural biochemistry of the superoxide dismutases. Biochim Biophys Acta 1804(2):245–262

Pirooznia SK, Elefant F (2013) Targeting specific HATs for neurodegenerative disease treatment: translating basic biology to therapeutic possibilities. Front Cell Neurosci 7:30

Poon HF, Vaishnav RA, Getchell TV, Getchell ML, Butterfield DA (2006) Quantitative proteomics analysis of differential protein expression and oxidative modification of specific proteins in the brains of old mice. Neurobiol Aging 27(7):1010–1019

Qiu J (2006) Epigenetics: unfinished symphony. Nature 441(7090):143–145

Ran Q, Liang H, Ikeno Y, Qi W, Prolla TA, Roberts LJ 2nd, Wolf N, Van Remmen H, Richardson A (2007) Reduction in glutathione peroxidase 4 increases life span through increased sensitivity to apoptosis. J Gerontol A Biol Sci Med Sci 62(9):932–92

Rao KS (2007) DNA repair in aging rat neurons. Neuroscience 145(4):1330–1340

Rapino F, Jung M, Fulda S (2014) BAG3 induction is required to mitigate proteotoxicity via selective autophagy following inhibition of constitutive protein degradation pathways. Oncogene 33(13):1713–1724

Razzaque MS (2012) The role of Klotho in energy metabolism. Nat Rev Endocrinol 8(10):579–587

Romanov GA, Vanyushin BF (1981) Methylation of reiterated sequences in mammalian DNAs. Effects of the tissue type, age, malignancy and hormonal induction. Biochim Biophys Acta 653(2):204–218

Roth GS, Ingram DK, Joseph JA (2007) Nutritional interventions in aging and age-associated diseases. Ann N Y Acad Sci 1114:369–371

Salih DA, Brunet A (2008) FoxO transcription factors in the maintenance of cellular homeostasis during aging. Curr Opin Cell Biol 20(2):126–136

Schindeldecker M, Stark M, Behl C, Moosmann B (2011) Differential cysteine depletion in respiratory chain complexes enables the distinction of longevity from aerobicity. Mech Ageing Dev 132(4):171–179

Schmidt U, Holsboer F, Rein T (2011) Epigenetic aspects of posttraumatic stress disorder. Dis Markers 30(2–3):77–87

Sebastiani P, Solovieff N, Dewan AT, Walsh KM, Puca A, Hartley SW, Melista E, Andersen S, Dworkis DA, Wilk JB, Myers RH, Steinberg MH, Montano M, Baldwin CT, Hoh J, Perls TT (2012) Genetic signatures of exceptional longevity in humans. PLoS One 7(1):e29848

Seluanov A, Chen Z, Hine C, Sasahara TH, Ribeiro AA, Catania KC, Presgraves DC, Gorbunova V (2007) Telomerase activity coevolves with body mass not lifespan. Aging Cell 6(1):45–52

Shay JW, Wright WE (2007) Hallmarks of telomeres in ageing research. J Pathol 211(2):114–123

Shay T, Jojic V., Zuk O., Rothamel K., Puyraimond-Zemmour D., Feng T., Wakamatsu E., Benoist C., Koller D., Regev A., ImmGen Consortium(2013) Conservation and divergence in the transcriptional programs of the human and mouse immune systems. Proc Natl Acad Sci USA 110(8):2946–5291

Shumaker DK, Dechat T, Kohlmaier A, Adam SA, Bozovsky MR, Erdos MR, Eriksson M, Goldman AE, Khuon S, Collins FS, Jenuwein T, Goldman RD (2006) Mutant nuclear lamin A leads to progressive alterations of epigenetic control in premature aging. Proc Natl Acad Sci U S A 103(23):8703–8708

Sies H (1986) Biochemistry of oxidative stress Angewandte Chemie Int, Bd. 12., S 1058–1071

Stadtman ER (2006) Protein oxidation and aging. Free Radic Res 40(12):1250–1258

Steves CJ, Spector TD, Jackson SH (2012) Ageing, genes, environment and epigenetics: what twin studies tell us now, and in the future. Age Ageing 41(5):581–586

Soto C, Estrada LD (2008) Protein misfolding and neurodegeneratio. Arch Neurol 65(2):184–189

Squier TC (2001) Oxidative stress and protein aggregation during biological aging. Exp Gerontol 36(9):1539–1550

Strong R, Miller RA, Astle CM, Floyd RA, Flurkey K, Hensley KL, Javors MA, Leeuwenburgh C, Nelson JF, Ongini E, Nadon NL, Warner HR, Harrison DE (2008) Nordihydroguaiaretic acid and aspirin increase lifespan of genetically heterogeneous male mice. Aging Cell 7(5):641–650

Suram A, Herbig U (2014) The replicometer is broken: telomeres activate cellular senescence in response to genotoxic stresses. Aging Cell 13:780–786

Surova O, Zhivotovsky B (2013) Various modes of cell death induced by DNA damage. Oncogene 32(33):3789–3797

Sykora P, Wilson DM 3rd, Bohr VA (2013) Base excision repair in the mammalian brain: Implication for age related neurodegeneration. Mech Ageing Dev 134(10):440–448

Szilard L (1959) On the nature of the aging process. Proc Natl Acad Sci U S A 45(1):30–45

Tam JH, Pasternak SH (2012) Amyloid and Alzheimer's disease: inside and out. Can J Neurol Sci 39(3):286–298

Tammen SA, Friso S, Choi SW (2013) Epigenetics: The link between nature and nurture. Mol Aspects Med 34(4):753–764

Tan Y, Bush JM, Liu W, Tang F (2009) Identification of longevity genes with systems biology approaches. Adv Appl Bioinform Chem 2:49–56

Tatar M, Khazaeli AA, Curtsinger JW (1997) Chaperoning extended life. Nature 390:30

Tatar M, Kopelman A, Epstein D, Tu MP, Yin CM, Garofalo RS (2001) A mutant Drosophila insulin receptor homolog that extends life-span and impairs neuroendocrine function. Science 292(5514):107–110

Tomás-Loba A, Flores I, Fernández-Marcos PJ, Cayuela ML, Maraver A, Tejera A, Borrás C, Matheu A, Klatt P, Flores JM, Viña J, Serrano M, Blasco MA (2008) Telomerase reverse transcriptase delays aging in cancer-resistant mice. Cell 135(4):609–622

Vallabhaneni H, O'Callaghan N, Sidorova J, Liu Y (2013) Defective repair of oxidative base lesions by the DNA glycosylase Nth1 associates with multiple telomere defects. PLoS Genet 9(7):e1003639

van Leeuwen FW, de Kleijn DP, van den Hurk HH, Neubauer A, Sonnemans MA, Sluijs JA, Köycü S, Ramdjielal RD, Salehi A, Martens GJ, Grosveld FG, Peter J, Burbach H, Hol EM (1998) Frameshift mutants of beta amyloid precursor protein and ubiquitin-B in Alzheimer's and Down patients. Science 279(5348):242–724

Van Raamsdonk JM, Hekimi S (2012) Superoxide dismutase is dispensable for normal animal lifespan. Proc Natl Acad Sci U S A 109(15):5785–5790

Vanyushin BF, Mazin AL, Vasilyev VK, Belozersky AN (1973a) The content of 5-methylcytosine in animal DNA: the species and tissue specificity. Biochim Biophys Acta 299(3):397–403

Vanyushin BF, Nemirovsky LE, Klimenko VV, Vasiliev VK, Belozersky AN (1973b) The 5-methylcytosine in DNA of rats. Tissue and age specificity and the changes induced by hydrocortisone and other agents. Gerontologia 19(3):138–152

Vessoni AT, Filippi-Chiela EC, Menck CF, Lenz G (2013) Autophagy and genomic integrity. Cell Death Differ 20(11):1444–1454

Vilenchik MM, Knudson AG Jr (2000) Inverse radiation dose-rate effects on somatic and germ-line mutations and DNA damage rates. Proc Natl Acad Sci U S A 97(10):5381–5386

Villalba JM, Alcaín FJ (2012) Sirtuin activators and inhibitors. Biofactors 38(5):349–359

Villalba JM, de Cabo R, Alcain FJ (2012) A patent review of sirtuin activators: an update. Expert Opin Ther Pat 22(4):355–367

Vyjayanti VN, Rao KS (2006) NA double strand break repair in brain: reduced NHEJ activity in aging rat neurons. Neurosci Lett 393(1):18–22

Waddington CH (2012) The epigenotype. 1942. Int J Epidemiol 41(1):10–3

Weiss EP, Fontana L (2011) Caloric restriction: powerful protection for the aging heart and vasculature. Am J Physiol Heart Circ Physiol 301(4):H1205–H1219

Wilkinson KD, Urban MK, Haas AL (1980) Ubiquitin is the ATP-dependent proteolysis factor I of rabbit reticulocytes. J Biol Chem 255:7529–7532

Witte AV, Fobker M, Gellner R, Knecht S, Flöel A (2009) Caloric restriction improves memory in elderly humans. Proc Natl Acad Sci U S A 106(4):1255–1260

Wong AS, Cheung ZH, Ip NY (2011) Molecular machinery of macroautophagy and its deregulation in diseases. Biochim Biophys Acta 1812(11):1490–1497

Xiong N, Long X, Xiong J, Jia M, Chen C, Huang J, Ghoorah D, Kong X, Lin Z, Wang T (2012) Mitochondrial complex I inhibitor rotenone-induced toxicity and its potential mechanisms in Parkinson's disease models. Crit Rev Toxicol 42(7):613–632

Xu G, Herzig M, Rotrekl V, Walter CA (2008) Base excision repair, aging and health span. Mech Ageing Dev 129(7-8):366–382

Yakar S, Adamo ML (2012) Insulin-like growth factor 1 physiology: lessons from mouse models. Endocrinol Metab Clin North Am 41(2):231–247

Yang Z, Klionsky DJ (2010) Mammalian autophagy: core molecular machinery and signaling regulation. Curr Opin Cell Biol 22:124–131

Yi C, He C (2013) DNA repair by reversal of DNA damage. Cold Spring Harb Perspect Biol 5(1):a012575. (Erratum in: Cold Spring Harb Perspect Biol. 2014 Apr; 6(4):a023440)

Yin F, Jiang T, Cadenas E (2013) Metabolic triad in brain aging: mitochondria, insulin/IGF-1 signalling and JNK signalling. Biochem Soc Trans 41(1):101–105

Young JC (2010) Mechanisms of the Hsp70 chaperone system. Biochem Cell Biol 88(2):291–300

Zentner GE, Henikoff S (2013) Regulation of nucleosome dynamics by histone modifications. Nat Struct Mol Biol 20(3):259–266

Zschocke J, Manthey D, Bayatti N, van der Burg B, Goodenough S, Behl C (2002) Estrogen receptor alpha-mediated silencing of caveolin gene expression in neuronal cells. J Biol Chem 277(41):38772–38780

Zuckerman V, Wolyniec K, Sionov RV, Haupt S, Haupt Y (2009) Tumour suppression by p53: the importance of apoptosis and cellular senescence. J Pathol 219(1):3–15

Kapitel 4
Ausgewählte altersbedingte Erkrankungen

Alte Menschen sind häufig von mehreren altersbedingten Beeinträchtigungen und Erkrankungen gleichzeitig betroffen (Multimorbidität), was die Untersuchung und das Verständnis der Verknüpfung zwischen der Alterung als dem entscheidenden Risikofaktor und einzelnen Syndromen schwierig macht. In einigen Kapiteln dieses Buchs wurden schon Verbindungen zwischen den molekularen Mechanismen der Alterung und der Pathogenese altersassoziierter Krankheiten aufgezeigt. Hier nun liegt der Fokus auf der Alzheimer-Krankheit (AD, Alzheimer's disease) und Krebs. Während Krebs mittlerweile in vielen Fällen pharmakologisch und/oder chirurgisch erfolgreich behandelt und manchmal sogar geheilt werden kann, ist AD noch immer eine unheilbare, tödlich verlaufende Erkrankung. Wie bei fast keiner anderen Krankheit ist das Auftreten von AD strikt mit dem Alter verknüpft und lässt einen starken Anstieg der Zahl der Krankheitsfälle für unsere alternde Gesellschaft erwarten. Die Autoren sind der Überzeugung, dass die eigentlichen Ursachen der Alzheimer-Krankheit nur identifiziert werden können, wenn die Biochemie alternder Neuronen verstanden wird, speziell im Kontext bekannter Risikofaktoren.

Implikationen der Begriffe „Alter" und „Altern" sind meist negativ, was vermutlich auf die Tatsache zurückzuführen ist, dass das Nachlassen bestimmter Körperfunktionen und andere offensichtliche Zeichen des Alters wie Faltenbildung, Altersflecken oder graues Haar schwer zu akzeptieren sind. Während der Mensch mit vielen allgemeinen, altersbedingten Veränderungen zurechtkommen und ihnen teilweise entgegen wirken kann, gibt es eine große Anzahl ernster altersassoziierter Funktionsverluste und Krankheiten (s. auch Abb. 1.2 und 1.3). Das Altern ist als einer der größten Risikofaktoren für die Entwicklung vieler Erkrankungen einschließlich neurodegenerativer Krankheiten, Krebs und Typ 2-Diabetes akzeptiert. Man hält diese Erkrankungen für das direkte Resultat einer Kombination von unterschiedlichen genetischen Faktoren, Umweltfaktoren und der persönlichen Lebensführung (Fransen et al. 2013; López-Otín 2013). Es würde den Umfang dieses Buchs bei Weitem sprengen, die Krankheiten, die häufiger bei alten Menschen auftreten, zu präsentieren und diskutieren. Und selbstverständlich tritt ein Teil dieser Pathologien abhängig von der genetischen Prädisposition auch in früheren Lebensphasen auf wie beispielsweise bestimmte Krebsarten. Die Tatsache, dass

C. Behl, C. Ziegler, *Molekulare Mechanismen der Zellalterung und ihre Bedeutung für Alterserkrankungen des Menschen*, DOI 10.1007/978-3-662-48250-6_4

alte Menschen häufig unter mehreren Erkrankungen leiden – was als Multimorbidität bezeichnet wird und einen Schneeballeffekt hinsichtlich des Gesundheitszustands hervorruft – macht das Verständnis von Altern als *dem* Risikofaktor bestimmter altersassoziierter Krankheiten kompliziert. Wir beginnen erst langsam zu verstehen, dass eine alte Zelle sich in ihrer Biochemie und Physiologie von einer jungen unterscheidet. Konsequenterweise verursacht der Alterungsprozess selbst eine Vielzahl von Veränderungen in Zellen, Geweben und Körperfunktionen. Der Schweregrad, was letztere betrifft, ist sehr unterschiedlich und reicht von „unbequem" bis „lebensbedrohlich". Aber auch geringfügige negative Veränderungen der Körperfunktion können die Schwere anderer altersassoziierter pathologischer Zustände verschlimmern. Die häufigsten altersassoziierten Veränderungen der Körperfunktion betreffen den generellen Stoffwechsel (was beispielsweise zu einer Zunahme an Körperfett führen kann), Leber- und Nierenfunktion, Schlafverhalten, und – im weiblichen Organismus – die Menopause. Im Allgemeinen kommen die folgenden Krankheiten mit erhöhtem Risiko bei älteren Menschen vor: Osteoporose, kardiovaskuläre Krankheiten – meist auf altersassoziierter Arteriosklerose und Bluthochdruck beruhend –, Diabetes Typ 2, Osteoarthritis in Verbindung mit chronischen Entzündungsreaktionen und Schmerz, bestimmte Krebsarten sowie Neurodegeneration, v. a. in Form der Alzheimer-Krankheit. Zusätzlich zu diesen chronischen Krankheiten lehren uns medizinische Statistiken, dass auch mehrere akute Krankheiten mit höherem Alter häufiger vorkommen, wie etwa Herzinfarkt oder Schlaganfall. Die Ursache für diesen Anstieg ist offensichtlich, nämlich die oben erwähnten chronischen Krankheiten und Beeinträchtigung oder Verlust von Körperfunktionen. Im Folgenden sollen zwei komplett unterschiedliche, aber extrem häufige und altersassoziierte Krankheitstypen etwas genauer vorgestellt werden, nicht im Hinblick auf die geltenden pathogenetischen Theorien, Ursachen und Therapien, sondern ausschließlich auf ihren Zusammenhang mit dem Altern: die Alzheimer-Krankheit und Krebs. Für diese sowie kardiovaskuläre Erkrankungen – die hier nicht im Detail vorgestellt werden – ist das Altern gemeinhin als der Hauptrisikofaktor anerkannt (Niccoli und Partridge 2012).

4.1 Altern: *der* entscheidende Risikofaktor für die Alzheimer-Krankheit (AD)

„Choose your parents carefully and die young" („Suchen Sie sich ihre Eltern gut aus und sterben Sie jung"), so lautete die Antwort des berühmten US-amerikanischen Alzheimer-Experten Dennis Selkoe aus Harvard schon vor vielen Jahren, als er gefragt wurde, wie man sich vor Alzheimer schützen könne. AD ist noch immer eine unheilbare, progressive, tödliche Erkrankung des Gehirns und eine gigantische medizinische, aber auch sozioökonomische und ethische Herausforderung sowie Bürde für unsere alternde Gesellschaft. So simpel Selkoes Rat scheint, er fasst zusammen, was wir bis heute über die Entwicklung von AD definitiv wissen: die durchschlagende Rolle bestimmter Gene für eine kleine Gruppe von Fällen und den gewaltigen Einfluss des Alters für die Mehrzahl. Es gibt bestimmte Genmutationen, die mit Sicherheit zu AD führen, häufig schon in jungen Jahren. Diese familiären Fälle von AD machen jedoch weniger als 5 % aller Alzheimer-Patienten aus. Die überwiegende Mehrheit ist streng altersbedingt (sporadische Formen), wobei die exakten absoluten Zahlen aufgrund der begrenzten diagnostischen Möglichkeiten, AD *pre mortem* zu bestimmen, variieren. Aber es ist klar, dass es eine strikte Korrelation zwischen dem Einsetzen von AD und dem Alter gibt. Schätzungen reichen bis zu einer Häufigkeit von 20–25 %, wenn die Menschen 85 Jahre und älter werden (Ballard et al. 2011). Mit dem Alter als dem zentralen Risikofaktor für AD, „verhindert" jung zu sterben tatsächlich die sporadische AD. Die Tatsache, dass die Lebenserwartung in den letzten 100 Jahren so stark gestiegen ist, führt konsequenterweise auch zu einer weit höheren Zahl an AD-Fällen. Trotz der Kenntnis von Altern als AD-Risikofaktor ist die Beziehung zwischen dem Altern und AD noch nicht klar. Im Folgenden werden die normale Alterung des Gehirns, die Entwicklung von Demenz und AD näher beleuchtet.

Normale Alterung und sporadischer Morbus Alzheimer   Das kontinuierliche Nachlassen der allgemeinen Hirnfunktion mit dem Alter beginnt schon in den 20er Jahren des Lebens; beispielsweise lassen sich bereits Mitte 20 die ersten Veränderungen in der synaptischen Plastizität beobachten (Bartrés-Faz und Arenaza-Urquijo 2011; DeCarli et al. 2012). Basierend auf neuropsychologischen Tests nehmen die folgenden Hirnfunktionen mit dem Alter ab: die Geschwindigkeit der Informationsverarbeitung, das Arbeitsgedächtnis, das Langzeitgedächtnis, die fluide Intelligenz, die Erinnerung (die episodische vor der semantischen), die Aufmerksamkeit, hauptsächlich Wachsamkeit und Flexibilität, und die generelle Problemlösungsfähigkeit. Andererseits verbessern sich einige Gehirnfunktionen im Lauf des Lebens auch, wie das verbale Wissen. Man geht allgemein davon aus, dass Lernen im Alter schwieriger ist und das Gehirn mit einer verringerten Leistungsfähigkeit, was das Kurzzeitgedächtnis betrifft, zurechtkommen muss. Im Unterschied dazu bleiben früh erworbene Erinnerungen und die Lebensgeschichte erhalten (z. B. Erraji-Benchekroun et al. 2005; Caserta et al. 2009; Wagster 2009; Park und Bischof 2013). Anatomisch wird die funktionelle Beeinträchtigung Veränderungen im präfrontalen Kortex (PFC) und im Hippocampus zugeschrieben (Jellinger und Attems 2013). Der PFC ist der anteriore Teil der Frontallappen des Gehirns und wurde mit der Planung komplexen kognitiven Verhaltens, dem Ausdruck der Persönlichkeit, Entscheidungsprozessen und sozialem Verhalten in Verbindung gebracht. Der Hippocampus ist eine Hauptkomponente des sog. limbischen Systems, von dem gezeigt wurde, dass er eine wichtige Rolle bei der allgemeinen Konsolidierung von Information von Kurzzeit- zu Langzeitgedächtnis sowie bei der räumlichen Orientierung spielt (Kandel 2001; Kandel et al. 2012). Mithilfe der Microarray-Technik hat man das *Post mortem*-PFC-Material von 39 Menschen im Alter von 13 bis 79 Jahren analysiert. Zusammengefasst zeigte die Studie, dass lebenslang progressive Veränderungen in der Genexpression auftreten, aber nur in etwa 7,5 % der Gene. Folgerichtig und bemerkenswerterweise waren die Expressionsspiegel der großen Mehrheit der Gene also während des Erwachsenenalters unverändert. Man schloss daraus, dass eine kleine Gruppe von Genen während des Alterns in spezifischen Zellpopulationen und biologischen Prozessen selektiv betroffen ist (Erraji-Benchekroun et al. 2005). Diese Gene waren mit gliazellvermittelter Inflammation, der zellulären Antwort auf oxidativen Stress, der mitochondrialen Funktion, der synaptischen Funktion und Plastizität und der Kalziumregulation assoziiert. Insgesamt wurde geschlussfolgert, dass hochregulierte Gene in den meisten Fällen glialen Ursprungs sind und mit Entzündungs- und zellulären Verteidigungsmechanismen in Zusammenhang stehen. Andererseits sind die Gene, die während der Alterung herunterreguliert werden, hauptsächlich in Neuronen transkribiert und können mit der zellulären Kommunikation und Signalgebung in Verbindung gebracht werden. Die Autoren schlagen sogar vor, dass diese altersbedingten Veränderungen – da sie hoch konsistent und spezifisch sind – als Biomarker für das „molekulare Alter" dienen könnten. Weiter spekulieren die Autoren, dass auf der Grundlage des Genexpressionsprofils das individuelle Alter, das erreicht werden kann, vorhergesagt werden kann (Erraji-Benchekroun et al. 2005; Sibille 2013).

Im Gegensatz zu Gehirnen, die von AD betroffen sind, ist in gesunden alten Gehirnen die Anzahl der Neuronen nicht reduziert. Demzufolge sind Neurodegeneration und neuronaler Zellverlust in AD auf einen distinkten pathologischen Prozess zurückzuführen (Burke und Barnes 2006). Die Expansion der Hirnatrophie in unterschiedlichen Hirnregionen korreliert direkt mit dem kognitiven Abfall bei sporadischer AD (Scahill et al. 2002; Jack Jr et al. 2004). Eines der charakteristischen neuropathologischen Kennzeichen bei AD sind neurofibrilläre Bündel (*neurofibrillary tangles*, NFT), eine spezielle Proteinstruktur aus chemisch modifiziertem Tau-Protein, das in Neuronen am Proteintransport beteiligt ist, in verschiedenen Gehirnregionen. Interessanterweise treten bei nichtdementen alten Menschen häufig ebenso signifikante Spiegel an NFT auf; im Alter von 85 Jahren wird fast jeder Mensch solche NFT im zerebralen Kortex aufweisen (Ohm et al. 1995). Bei AD korreliert die Progression der Neurodegeneration direkt mit der Gesamtzahl an NFT und ihrer jeweiligen Lokalisation im Gehirn (Giannakopoulos et al. 2003). Daher werden NFT als frühe Faktoren bei AD betrachtet und ihr Auftreten weithin für die *Post mortem*-Klassifizierung kognitiver Defizite verwendet (Braak und Braak 1991). Bemerkenswerterweise können solche bündelbildenden Tau-Proteine auch mithilfe BAG3-vermittelter selektiver Makroautophagie abgebaut werden (Lei et al. 2015).

Ein zweites wichtiges charakteristisches Kennzeichen der AD-Histopathologie ist die extrazelluläre Ablagerung von $A\beta$-Protein (Abb. 4.1), einem Spaltprodukt eines größeren Vorläuferproteins (*amyloid precursor protein*, APP). Im Gegensatz zu NFT wurde eine zweifelsfreie Korrelation der Belastung der Gewebe mit $A\beta$ und der Schwere der kognitiven Defizite nicht gefunden. Tatsächlich wurden zu diesem wichtigen Punkt widersprüchliche Daten publiziert; die Auffassung, dass mit AD assoziierte kognitive Defizite unabhängig vom Ausmaß der $A\beta$-Ablagerung (in sog. senilen Plaques) sind, setzt sich mehr und mehr durch und neuere Ergebnisse, auch aus dem Labor des Autors, befeuern die Diskussion (Veeraraghavalu et al. 2013; Price et al. 2013; Stumm et al. 2013). Darüber hinaus wurde ein Anstieg der $A\beta$-Spiegel und eine erhebliche Menge an $A\beta$-Plaques in kognitiv gesunden älte-

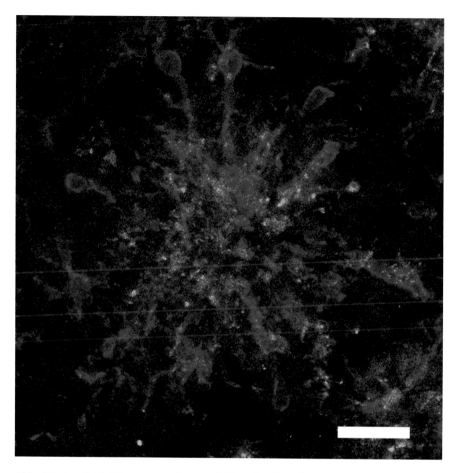

Abb. 4.1 Amyloide Plaques umgeben von Mikrogliazellen. Schnitt durch den Hippocampus einer APP23-Maus, einem Tiermodell für die Alzheimer-Krankheit, das eine mutierte Form des Amyloidvorläuferproteins (*amyloid precursor protein,* APP) überexprimiert. Fluoreszenzfärbung von amyloiden Plaques (Anti-Amyloid-β, *rot*) und aktivierten Mikrogliazellen (Tomatolectin, *grün,* und Anti-IbaI, *blau*). Maßstableiste: 20 μM. (Foto mit freundl. Genehmigung von Christof Hiebel, Institut für Pathobiochemie, Universitätsmedizin Mainz)

ren Menschen beschrieben (Schupf et al. 2008). Die histologischen Daten lassen sich also so zusammenfassen, dass im Gehirn auch während der normalen Alterung generelle Veränderungen beobachtet werden können, u. a. das Vorhandensein beträchtlicher Mengen an NFT und Aβ-Plaques. Dies legt nahe, dass das Auftreten von Aβ und NFT allein, das als histopathologischer Marker für die *Post mortem-*Diagnose von AD benutzt wird, nicht ausreichend ist, um den mit AD verbundenen Verlust an Neuronen und die Atrophie des Gehirns zu erklären. Offensichtlich sind zusätzliche altersassoziierte Faktoren essenziell, um die mit AD verbundenen neurodegenerativen Ereignisse auszulösen.

Da AD durch einen Verlust der cholinergen Transmission charakterisiert ist, haben sich verschiedene Studien auf Veränderungen in den cholinergen Nervenzellen konzentriert. Acetylcholin ist einer der essenziellen exzitatorischen Neurotransmitter im Zentralnervensystem (Kern und Behl 2009; Ballard et al. 2011). Die Neurotransmission speziell durch Acetylcholin und die Aminosäure Glutamat sind wichtige Zielstrukturen der derzeitigen pharmakologischen Intervention, die auf die Verbesserung der kognitiven Funktionen in AD-Patienten abzielt (Pohanka 2012; Corbett et al. 2012), da die Neurotransmission bei sporadischer AD signifikant verändert ist und sich schnell verschlechtert. Man kennt verschiedene allgemeine altersassoziierte Risikofaktoren, die die Entwicklung von sporadischer AD direkt beeinflussen. Die Epidemiologie weist Bluthochdruck, Hypercholesterinämie, Adipositas, Diabetes und Entzündungen als starke Einflussfaktoren von Einsetzen und Progression von sporadischer AD aus. Beispielsweise wurde im Hinblick auf Bluthochdruck eine Korrelation zwischen hohem Blutdruck im mittleren Lebensalter und dem Einsetzen kognitiver Beeinträchtigungen in späteren Lebensabschnitten beschrieben (Knopman et al. 2001). Chronischer Bluthochdruck kann vaskuläre Läsionen verursachen, die das Nachlassen kognitiver Fähigkeiten begünstigen. Die prominenten altersbedingten kardiovaskulären Risikofaktoren wie Hypercholesterinämie, Adipositas und Diabetes beruhen alle auf metabolischen Störungen und beeinflussen als solche die Prävalenz kognitiver Leistungseinbußen und potenziell AD (Vanhanen et al. 2006; Whitmer et al. 2005). Ein weiterer altersassoziierter möglicher Dispositionsfaktor für AD sind Entzündungsreaktionen und es wurde gezeigt, dass die Aktivierung von Immunzellen im Gehirn (z. B. Astrozyten) mit dem Alter konstant zunimmt (Sastre et al. 2006). Zwischen der Funktion von Astrozyten und der Biochemie von $A\beta$ gibt es mehrere Verbindungen; in von AD betroffenen Gehirnen tritt um die $A\beta$-Plaques verstärkt eine Gliose auf (Vehmas et al. 2003).

Ein zusätzlicher Risikofaktor für sporadische AD ist oxidativer Stress, verursacht durch reaktive Sauerstoff- und Stickstoffspezies, die bereits im Kontext mit der *Freie-Radikal-Theorie des Alterns* von Denham Harman (Harman 1956) diskutiert wurden. Nach Jahrzehnten der Forschung und einer Fülle experimenteller Daten kann ebenso eine *Oxidativer-Stress-Theorie der Neurodegeneration* (auch für AD) formuliert werden, die aufzeigt, wie Altern und Neurodegeneration in die gleiche Kaskade von biochemischen Ereignissen münden könnten. In der Tat wurde eine erhöhte oxidative Belastung – nachgewiesen hauptsächlich über oxidierte Biomoleküle (DNA, Proteine, Lipide) im Hirngewebe – für das Gehirn nichtdementer alter Menschen wie auch von AD-Patienten beschrieben (Moosmann und Behl 2002; Keller et al. 2005; Zhu et al. 2006). Interessanterweise ist auch gezeigt, dass Mutationen im Genom der Mitochondrien, den Hauptquellen freier Sauerstoffradikale, sowohl während der Alterung des Gehirns als auch bei neurodegenerativen Erkrankungen akkumulieren (Corral-Debrinski et al. 1992; Bender et al. 2006), diese beiden Prozesse also potenziell pathologische Mechanismen gemeinsam haben. Auf der Basis einer Vielzahl experimenteller Studien und histopathologischer Befunde kann man zusammenfassend feststellen, dass die Akkumulation oxidativ modifizierter Biomoleküle ein zentrales Merkmal der Gehirnalterung darstellt und bei neurodegenerativen Krankheiten wie AD noch verstärkt ist. Man kann zuletzt festmachen, dass Veränderungen, wie sie im alternden Gehirn auf unterschiedlicher Ebene stattfinden, auch bei sporadischer AD auftreten und altersassoziierte generelle Veränderungen eine unmittelbare Prädisposition darstellen und die Inzidenz von AD erhöhen können. Folgerichtig könnte eine allgemeine Verbesserung des Gesundheitszustands älterer Menschen durch die Minimierung von Risikofaktoren, beispielsweise durch spezielle Ernährung und bewusstere Lebensführung, die Wahrscheinlichkeit, an altersassoziierter AD zu erkranken, herabsetzen oder zumindest das Auftreten verzögern. Die Alterung des Gehirns und AD sind eng miteinander verzahnt.

4.2 Die gemeinsame Biologie von Altern und Krebs: Seneszenz als Schutz vor Tumoren

Obwohl Krebserkrankungen – abhängig vom individuellen genetischen Hintergrund sowie der persönlichen Risikosituation – während des ganzen Lebens auftreten können, gibt es für manche Tumorarten einen steilen Anstieg der Inzidenz mit zunehmendem Alter (Crawford und Cohen 1987), klar gezeigt beispielsweise für Prostatakrebs bei Männern und Brustkrebs bei Frauen. Man kann Krebs also als altersassoziierte Krankheit betrachten und die Evidenzen für eine gemeinsame Biologie von Krebs und der Alterung nehmen unter verschiedenen Aspekten zu. Es gibt unterschiedliche mechanistische Überschneidungen und Wissen aus dem Tumorfeld, das in die Alternsbiologie übertragen werden konnte. In diesem Kontext werden gewöhnlich v. a. fünf Gesichtspunkte angeführt: (1) die direkte Verbindung zwischen zellulärer Seneszenz und Tumorformation, (2) die Rolle der genomischen Stabilität und Instabilität, (3) die Rolle der Telomere, (4) die Bedeutung der Autophagie für Krebsentstehung und Altern und (5) die Rolle der Mitochondrien- und der Energiebalance (Finkel et al. 2007; Vijg und Suh 2013; Pereira und Ferreira 2013). Offensichtlich ist nur ein schmaler Grat zwischen Zellen und Geweben, die altern, und denen, die in einen konstant proliferierenden Status übergehen. Diese Prozesse erfordern eine strenge Kontrolle und Altern (Seneszenz gefolgt von der Entfernung der Zellen) bedeutet Schutz vor Krebs. Die Überführung von Zellen in einen seneszenten Status limitiert das proliferative Potenzial geschädigter Zellen (s. Abschn. 2.4). Im Hinblick auf die Aufrechterhaltung der Genomstabilität ist es von Bedeutung, dass eine Schädigung der DNA zur Entwicklung von Tumoren führen, aber auch Seneszenz oder Apoptose einleiten kann (Abb. 3.7). Wie schon besprochen, ist genomische Instabilität ein charakteristisches Kennzeichen der Alterung; die Schädigung der DNA kann, wenn sie den entsprechenden Zellzyklus-Kontrollmechanismen entgeht, Mutationen hervorrufen, die zu Fehlfunktionen oder unkontrollierter Zellproliferation führen können.

Altern und Krebs sind auch über die Autophagie miteinander verknüpft. Autophagie, deren Verbindung zur Alterung im Detail im Abschn. 3.7 beschrieben wurde, stellt in evolutionärem Sinn ein *Rescue-* und *Survival*-Programm der Zelle dar und hilft ihr, bei reduziertem Nahrungsangebot oder inneren und äußeren

Stressbedingungen zu überleben. Daher kann die Autophagie als krebsfördernd insofern betrachtet werden, als sie Krebszellen erlaubt, auch bei geringem Sauerstoffgehalt (Hypoxie) oder exogenem Stress wie Bestrahlung oder Chemotherapie zu überleben (Ávalos et al. 2014; Galluzzi et al. 2015). Für die Vermittlung der Resistenz gegenüber Therapeutika durch die dauerhafte Aktivierung der Autophagie wurden spezifische Mechanismen entdeckt. So hat das Labor des Autors gefunden, dass in humanen Brustkrebszellen der sog. autophagische Flux, also der Autophagieprozess *per se*, ganz erheblich erhöht ist und hierbei das Protein BAG3 eine Rolle spielt. Unterdrückt man den allgemeinen Autophagiefluss bzw. die Expression von BAG3, werden die vormals hoch resistenten Tumorzellen wieder sensitiv gegenüber bestimmten Agenzien (z. B. oxidativen Stressoren; Felzen et al. 2015). Es gibt jedoch auch Tumorresistenzmechanismen, die unabhängig von der Autophagie sind, sodass nur die Betrachtung des Aktivitätszustands der Autophagie im individuellen Tumor einen Aufschluss geben kann, ob eine zusätzlich „Anti-Autophagie-Therapie" Sinn macht. Die Autoren nennen diesen Nachweis der tumorassoziierten Autophagieaktivität *Autophagy Profiling* (Felzen et al. 2015). Andererseits spielt die Autophagie eine Schlüsselrolle bei der Aufrechterhaltung der zellulären Homöostase und trägt durch mehrere Funktionen zur Vermeidung einer malignen Transformation bei, u. a. durch die Beseitigung z. B. defekter Mitochondrien als Quelle reaktiver Sauerstoffspezies, den Erhalt der genomischen Stabilität und antibakterielle und antivirale Effekte. Zudem ist die Autophagie für die körpereigene Immunabwehr essenziell. Entsprechend hemmen viele Onkoproteine (also tumorinduzierende Proteine) die Autophagie und mehrere Tumorsuppressoren fördern den Prozess. Die Autophagie nimmt also bezüglich Tumorbildung eine zweideutige Rolle ein (Abb. 4.2); sowohl für hemmende als auch fördernde Aktivitäten gibt es eine Vielzahl an Belegen. Derzeitige Hypothesen weisen ihr bei der Tumorentstehung und der Tumorprogression unterschiedliche Rollen zu (Ávalos et al. 2014; Galluzzi et al. 2015). Die Modulation der Autophagie wird grundsätzlich als vielversprechendes Ziel für die Krebstherapie angesehen; es ist jedoch schwierig, auf sie abzuzielen, da sie ein solch aufwendig kontrollierter, komplexer und grundlegender Mechanismus ist (Giuliani und Dass 2013). Ein Prozess namens *autophagischer Zelltod*, der durch Tumorsuppressoren (p53) ausgelöst wird und die Zelle ähnlich der Apoptose in den Zelltod führt (Crighton et al. 2006), wird in jüngerer Zeit kontrovers diskutiert (Shen et al. 2012). In jedem Fall scheint dieser vom individuellen Zustand abzuhängen, in dem sich die Zelle befindet, dem Ernährungsstatus, ob sie oxidativem oder gentoxischem Stress ausgesetzt ist etc. (Vessoni et al. 2013).

Im Hinblick auf die Verknüpfung der Autophagie mit der Alterung wurden wichtige Modelle, die die Manipulation der Lebensdauer in *C. elegans* erlauben, bereits vorgestellt. In der daf-2-defizienten Wurmlinie, die eine verlängerte Lebensdauer aufweist, ist der Insulin-/IGF-Rezeptor ausgeschaltet, was einen Nahrungsmangel nachahmt. Nahrungsdeprivation ist in *C. elegans* auch ein potenter Induktor der Autophagie. Altersassoziierte Prozesse und Autophagie laufen hier also direkt zusammen. Interessanterweise induziert in Modellgeweben von Säugern die genetische Inhibition der Autophagie degenerative Veränderungen, die denen im Zuge der Al-

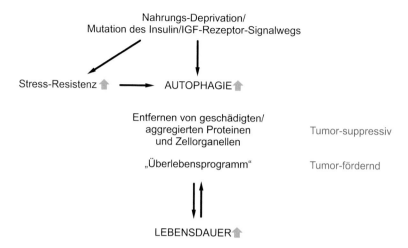

Abb. 4.2 Autophagie ist mit Tumorentstehung und Alterung verknüpft. Die Autophagie ist ein evolutionär konservierter Abbauprozess und ein zentraler Überlebensmechanismus der Zelle unter ungünstigen oder Stressbedingungen. Durch die Hochregulierung der Autophagie können Zellen in die Lage versetzt werden, diesen ungünstigen äußeren Bedingungen zu entkommen, was ihr eine potenziell krebsfördernde Funktion verleiht

terung vergleichbar sind. Mehr noch, sowohl die physiologische (normale) als auch die nichtphysiologische (pathologische) Alterung sind häufig mit reduzierter Autophagie assoziiert. Und, pharmakologische und, wie gerade erwähnt, genetische Manipulationen, die zur Lebensverlängerung in Modellorganismen führen, induzieren und stimulieren oftmals die Autophagie (Rubinsztein et al. 2011).

Das führt uns direkt zu einer weiteren Verbindung von Altern und Krebs, die den generellen Stoffwechsel von Zellen betrifft. Die Manipulation von Stoffwechselwegen, die in die Nahrungsverwertung involviert sind, sowie der Insulin-/IGF-Rezeptor-Signalweg in *C. elegans*, führen zu einer Verzögerung der Alterung und einer verlängerten Lebensspanne. Häufig ist dies zudem mit einer erhöhten Resistenz gegenüber Stress kombiniert, die ebenso ein Faktor ist, der das Tumorwachstum und die Entwicklung von Krebs begünstigen kann. In einer klonal hippocampalen Tumorzelllinie führt die Induktion von Resistenz gegen oxidativen Stress zu stabilen und schnell wachsenden klonalen Varianten, die einen massiven Anstieg der Lysosomenbildung und verschiedener autophagischer Marker aufweisen (Clement et al. 2009, 2010).

Gerade weil es einerseits so viele Überlappungen zwischen Krebs und der Alterung gibt, ist es andererseits von großer Relevanz, die Mechanismen aufzudecken, die eine Zelle in die eine oder die andere Richtung führen. Die Schädigung der DNA, die sowohl Altern als auch Krebs auslösen kann, ist ein Paradigma, in dem diese Kontrolle untersucht werden kann. Letztendlich fällt die Entscheidung, die Zelle in einem proliferativen Zustand zu halten (was die Gefahr der Tumorbildung birgt) oder den Prozess der Alterung (als *Exit*-Strategie) auszulösen, sie in den Seneszenzstatus und, zuletzt, in die Apoptose zu treiben. Letzteres bedeutet, einzelne Zellen und Gewebe auszusortieren, die potenziell dem Gesamtorganismus Schaden zufügen könnten. Mechanismen und Komponenten, die die individuelle Zellalterung kontrollieren, wie etwa die Telomere, könnten daher dazu dienen, ein gesundes und funktionelles Leben der Zellen so lange wie möglich und für die Funktion des Organs nötig, aufrechtzuerhalten. Die Zellalterung, wie sie dann etwa durch die Verkürzung der Telomere ausgelöst wird, kontrolliert die Proliferation der Zellen und reduziert die Wahrscheinlichkeit, dass sich Tumore entwickeln. Das Altern wäre dann kein Prozess, der zufällig von äußeren Faktoren induziert ausgelöst wird, sondern hätte zum Ziel, einen frühen Tod des gesamten Organismus durch unbegrenzte Proliferation und Krebs zu verhindern. Oder, anders formuliert, Altern ist der Preis des Überlebens.

„Altern scheint der einzig verfügbare Weg zu sein, lange zu leben" (Daniel Francois Auber) Wenn wir einen Wunsch frei hätten, wäre es wohl für viele der, ein langes und gesundes Leben zu leben, um dann plötzlich und ohne leiden oder lange gepflegt werden zu müssen, zu sterben. Die Forschung mit dem Ziel, das Altern zu verstehen, sollte in genau diese Richtung gehen, anstatt Wege zu finden zu versuchen, die eine unbegrenzte Lebensdauer und Unsterblichkeit ermöglichen, denn, letztendlich: "Who wants to live forever?" (Queen/Brian May, Soundtrack zu *Highlander* 1986).

Literatur

Auber DFE (1997) Bloomsbury biographic dictionary of quotations. Bloomsbury, London

Ávalos Y, Canales J, Bravo-Sagua R, Criollo A, Lavandero S, Quest AF (2014) Tumor suppression and promotion by autophagy. Biomed Res Int 2014:603980

Ballard C, Gauthier S, Corbett A, Brayne C, Aarsland D, Jones E (2011) Alzheimer's disease. Lancet 377(9770):1019–1031

Bartrés-Faz D, Arenaza-Urquijo EM (2011) Structural and functional imaging correlates of cognitive and brain reserve hypotheses in healthy and pathological aging. Brain Topogr 24(3-4):340–357

Bender A, Krishnan KJ, Morris CM, Taylor GA, Reeve AK, Perry RH, Jaros E, Hersheson JS, Betts J, Klopstock T, Taylor RW, Turnbull DM (2006) High levels of mitochondrial DNA deletions in substantia nigra neurons in aging and Parkinson disease. Nat Genet 38(5):515–517

Braak H, Braak E (1991) Neuropathological stageing of Alzheimer-related changes. Acta Neuropathol 82(4):239–259

Burke SN, Barnes CA (2006) Neural plasticity in the ageing brain. Nat Rev Neurosci 7:30–40

Caserta MT, Bannon Y, Fernandez F, Giunta B, Schoenberg MR, Tan J (2009) Normal brain aging clinical, immunological, neuropsychological, and neuroimaging features. Int Rev Neurobiol 84:1–19

Clement AB, Gamerdinger M, Tamboli IY, Lütjohann D, Walter J, Greeve I, Gimpl G, Behl C (2009) Adaptation of neuronal cells to chronic oxidative stress is associated with altered cholesterol and sphingolipid homeostasis and lysosomal function. J Neurochem 111(3):669–682

Clement AB, Gimpl G, Behl C (2010) Oxidative stress resistance in hippocampal cells is associated with altered membrane fluidity and enhanced nonamyloidogenic cleavage of endogenous amyloid precursor protein. Free Radic Biol Med 48(9):1236–1241

Corbett A, Smith J, Ballard C (2012) New and emerging treatments for Alzheimer's disease. Expert Rev Neurother 12(5):535–543

Corral-Debrinski M, Horton T, Lott MT, Shoffner JM, Beal MF, Wallace DC (1992) Mitochondrial DNA deletions in human brain: regional variability and increase with advanced age. Nat Genet 2:324–329

Crawford J, Cohen HJ (1987) Relationship of cancer and aging. Clin Geriatr Med 3(3):419–432

Crighton D, Wilkinson S, O'Prey J, Syed N, Smith P, Harrison PR, Gasco M, Garrone O, Crook T, Ryan KM (2006) DRAM, a p53-induced modulator of autophagy, is critical for apoptosis. Cell 126(1):121–134

DeCarli C, Kawas C, Morrison JH, Reuter-Lorenz PA, Sperling RA, Wright CB (2012) Session II: Mechanisms of age-related cognitive change and targets for intervention: neural circuits, networks, and plasticity. J Gerontol A Biol Sci Med Sci 67(7):747–753

Erraji-Benchekroun L, Underwood MD, Arango V, Galfalvy H, Pavlidis P, Smyrniotopoulos P, Mann JJ, Sibille E (2005) Molecular aging in human prefrontal cortex is selective and continuous throughout adult life. Biol Psychiatry 57(5):549–558

Felzen V, Hiebel C, Koziollek-Drechsler I, Reißig S, Wolfrum U, Kögel D, Brandts C, Behl C, Morawe T (2015) Estrogen receptor α regulates non-canonical autophagy that provides stress resistance to neuroblastoma and breast cancer cells and involves BAG3 function. Cell Death Dis 6:e1812

Finkel T, Serrano M, Blasco MA (2007) The common biology of cancer and ageing. Nature 448(7155):767–774

Fransen M, Nordgren M, Wang B, Apanasets O, Van Veldhoven PP (2013) Aging, age-related diseases and peroxisomes. Subcell Biochem 69:45–65

Galluzzi L, Pietrocola F, Bravo-San PJM, Amaravadi RK, Baehrecke EH, Cecconi F, Codogno P, Debnath J, Gewirtz DA, Karantza V, Kimmelman A, Kumar S, Levine B, Maiuri MC, Martin SJ, Penninger J, Piacentini M, Rubinsztein DC, Simon HU, Simonsen A, Thorburn AM, Velasco G, Ryan KM, Kroemer G (2015) Autophagy in malignant transformation and cancer progression. EMBO J 34(7):856–880

Giannakopoulos P, Herrmann FR, Bussière T, Bouras C, Kövari E, Perl DP, Morrison JH, Gold G, Hof PR (2003) Tangle and neuron numbers, but not amyloid load, predict cognitive status in Alzheimer's disease. Neurology. 60(9):1495–1500

Giuliani CM, Dass CR (2013) Autophagy and cancer: taking the 'toxic' out of cytotoxics. J Pharm Pharmacol 65(6):777–789

Gold G, Hof PR (2003) Tangle and neuron numbers, but not amyloid load, predict cognitive status in Alzheimer's disease. Neurology 60:1495–1500

Harman D (1956) Aging: a theory based on free radical and radiation chemistry. J Gerontol 11(3):298–300

Jack CR Jr., Shiung MM, Gunter JL, O'Brien PC, Weigand SD, Knopman DS, Boeve BF, Ivnik RJ, Smith GE, Cha RH, Tangalos EG, Petersen RC (2004) Comparison of different MRI brain atrophy rate measures with clinical disease progression in AD. Neurology 62:591–600

Jellinger KA, Attems J (2013) Neuropathological approaches to cerebral aging and neuroplasticity. Dialogues Clin Neurosci 15(1):29–43

Kandel ER (2001) The molecular biology of memory storage: a dialogue between genes and synapses. Science 294(5544):1030–1038

Kandel ER, Schwartz JH, Jessell TM, Siegelbaum SA, Hudspeth AJ (2012) Principles of Neural Science, 5. Aufl. McGraw-Hill Professional

Keller JN, Schmitt FA, Scheff SW, Ding Q, Chen Q, Butterfield DA, Markesbery WR (2005) Evidence of increased oxidative damage in subjects with mild cognitive impairment. Neurology 64:1152–1156

Kern A, Behl C (2009) The unsolved relationship of brain aging and late-onset Alzheimer disease. Biochim Biophys Acta 1790(10):1124–32

Knopman D, Boland LL, Mosley T, Howard G, Liao D, Szklo M, McGovern P, Folsom AR, Investigators (2001) Cardiovascular risk factors and cognitive decline in middle-aged adults. Neurology 56:42–48

Lei Z, Brizzee C, Johnson GV (2015) BAG3 facilitates the clearance of endogenous tau in primary neurons. Neurobiol Aging 36(1):241–248

López-Otín C, Blasco MA, Partridge L, Serrano M, Kroemer G (2013) The hallmarks of aging. Cell 153(6):1194–1217

Moosmann B, Behl C (2002) Antioxidants as treatment for neurodegenerative disorders. Expert Opin Investig Drugs 11(10):1407–1435

Niccoli T, Partridge L (2012) Ageing as a risk factor for disease. Curr Biol 22(17):R741–R752

Ohm TG, Müller H, Braak H, Bohl J (1995) Close-meshed prevalence rates of different stages as a tool to uncover the rate of Alzheimer's disease-related neurofibrillary changes. Neuroscience 64(1):209–217

Park DC, Bischof GN (2013) The aging mind: neuroplasticity in response to cognitive training. Dialogues Clin Neurosci 15(1):109–119

Pereira B, Ferreira MG (2013) Sowing the seeds of cancer: telomeres and age-associated tumorigenesis. Curr Opin Oncol 25(1):93–98

Pohanka M (2012) Acetylcholinesterase inhibitors: a patent review (2008 – present). Expert Opin Ther Pat 22(8):871–886

Price AR, Xu G, Siemienski ZB, Smithson LA, Borchelt DR, Golde TE, Felsenstein KM (2013) Comment on "ApoE-directed therapeutics rapidly clear β-amyloid and reverse deficits in AD mouse models". Science 340(6135):924-d

Rubinsztein DC, Mariño G, Kroemer G (2011) Autophagy and aging. Cell 146(5):682–95

Sastre M, Klockgether T, Heneka MT (2006) Contribution of inflammatory processes to Alzheimer's disease: molecular mechanisms. Int J Dev Neurosci 24:167–176

Scahill RI, Schott JM, Stevens JM, Rossor MN, Fox NC (2002) Mapping the evolution of regional atrophy in Alzheimer's disease: unbiased analysis of fluid-registered serial MRI. Proc Natl Acad Sci U S A 99:4703–4707

Schupf N, Tang MX, Fukuyama H, Manly J, Andrews H, Mehta P, Ravetch J, Mayeux R (2008) Peripheral Abeta subspecies as risk biomarkers of Alzheimer's disease. Proc Natl Acad Sci U S A 105:14052–14057

Shen S, Kepp O, Kroemer G (2012) The end of autophagic cell death? Autophagy 8(1):1–3

Sibille E (2013) Molecular aging of the brain, neuroplasticity, and vulnerability to depression and other brain-related disorders. Dialogues Clin Neurosci 15(1):53–65

Stumm C, Hiebel C, Hanstein R, Purrio M, Nagel H, Conrad A, Lutz B, Behl C, Clement AB (2013) Cannabinoid receptor 1 deficiency in a mouse model of Alzheimer's disease leads to enhanced cognitive impairment despite of a reduction in amyloid deposition. Neurobiol Aging 34(11):2574–2584

Vanhanen M, Koivisto K, Moilanen L, Helkala EL, Hänninen T, Soininen H, Kervinen K, Kesäniemi YA, Laakso M, Kuusisto J (2006) Association of metabolic syndrome with Alzheimer disease: a population-based study. Neurology 67:843–847

Veeraraghavalu K, Zhang C, Miller S, Hefendehl JK, Rajapaksha TW, Ulrich J, Jucker M, Holtzman DM, Tanzi RE, Vassar R, Sisodia SS (2013) Comment on "Apoe-directed therapeutics rapidly clear β-amyloid and reverse deficits in AD mouse models. Science 340(6135):924-f

Vehmas AK, Kawas CH, Stewart WF, Troncoso JC (2003) Immune reactive cells in senile plaques and cognitive decline in Alzheimer's disease. Neurobiol Aging 24:321–331

Vessoni AT, Filippi-Chiela EC, Menck CF, Lenz G (2013) Autophagy and genomic integrity. Cell Death Differ 20(11):1444–1454

Vijg J, Suh Y (2013) Genome instability and aging. Annu Rev Physiol 75:645–668

Wagster MV (2009) Cognitive aging research: an exciting time for a maturing field: a postscript to the special issue of neuropsychology review. Neuropsychol Rev 19(4):523–525

Whitmer RA, Sidney S, Selby J, Johnston SC, Yaffe K (2005) Midlife cardiovascular risk factors and risk of dementia in late life. Neurology 64:277–281

Zhu Y, Carvey PM, Ling Z (2006) Age-related changes in glutathione and glutathione-related enzymes in rat brain. Brain Res 1090:35–44

Printed in the United States
By Bookmasters